能源与电力分析年度报告系列

2019

中国节能节电分析报告

国网能源研究院有限公司 编著

中国电力出版社
CHINA ELECTRIC POWER PRESS

内 容 提 要

　　《中国节能节电分析报告》是能源与电力分析年度报告系列之一，主要对国家出台的节能节电相关政策法规及先进的节能节电技术措施进行系统梳理和分析，并测算重点行业和全社会节能节电成效，为准确把握我国节能减排形势、合理制定相关政策措施提供决策参考和依据。

　　本报告对我国 2018 年节能节电面临的新形势、出台的政策措施、先进的技术实践及全社会节能节电成效进行深入分析和总结，并重点分析工业、建筑、交通运输等领域的经济运行情况、能源电力消费情况、能耗电耗指标变动情况及节能节电成效。

　　本报告具有综述性、实践性、趋势性、文献性等特点，内容涉及经济分析、能源电力分析、节能节电分析等不同专业，覆盖工业、交通、建筑等多个领域，适合节能服务公司、高校、科研机构、政府及投资机构从业者参考使用。

图书在版编目（CIP）数据

中国节能节电分析报告 . 2019/国网能源研究院有限公司编著 . —北京：中国电力出版社，2019.11
（能源与电力分析年度报告系列）
ISBN 978 - 7 - 5198 - 3211 - 7

Ⅰ. ①中… Ⅱ. ①国… Ⅲ. ①节能—研究报告—中国—2019 ②节电—研究报告—中国—2019 Ⅳ. ①TK01

中国版本图书馆 CIP 数据核字（2019）第 270571 号

出版发行：中国电力出版社
地　　址：北京市东城区北京站西街 19 号（邮政编码 100005）
网　　址：http：//www.cepp.sgcc.com.cn
责任编辑：刘汝青（010-63412382）　娄雪芳
责任校对：黄　蓓　郝军燕
装帧设计：赵姗姗
责任印制：吴　迪

印　　刷：北京瑞禾彩色印刷有限公司
版　　次：2019 年 11 月第一版
印　　次：2019 年 11 月北京第一次印刷
开　　本：787 毫米×1092 毫米　16 开本
印　　张：13
字　　数：178 千字
定　　价：88.00 元

能源与电力分析年度报告

编 委 会

主 任　张运洲

委 员　吕　健　蒋莉萍　柴高峰　李伟阳　李连存

　　　　张　全　王耀华　郑厚清　单葆国　马　莉

　　　　郑海峰　代红才　鲁　刚　韩新阳　李琼慧

　　　　张　勇　李成仁

《中国节能节电分析报告》

编 写 组

组 长　单葆国

主笔人　吴　鹏　贾跃龙

成 员　唐　伟　王成洁　王　向　张　煜　冀星沛

　　　　徐　朝　吴陈锐　谭清坤　马　捷　刘小聪

　　　　李付存　阳佳颖　文一帆

2018 年，在"四个革命、一个合作"能源安全新战略指引下，我国能源生产和消费革命不断向纵深发展，能源清洁低碳转型不断加快，节能事业发展取得了显著成就，有力支撑了资源节约型、环境友好型社会的建设。与此同时，我国的节能潜力依然巨大，节能产业发展前景广阔。因此，紧密跟踪全社会及重点行业节能节电、电能替代等工作的进展，开展节能节电成效分析、政策与措施分析，可以为科研单位、节能服务行业、政府部门、投资机构提供有价值的决策参考信息。

《中国节能节电分析报告》是国网能源研究院有限公司推出的"能源与电力分析年度报告系列"之一，自 2010 年以来，已经连续出版了 9 年，今年是第 10 年。本报告主要分为概述、节能篇、节电篇和专题篇四部分。

概述篇综述了 2018 年我国节能节电工作的总体情况，包括节能节电成效、政策措施和节能节电形势。

节能篇主要从我国能源消费情况及工业、建筑、交通运输等领域的节能工作进展等方面对全社会节能成效进行分析，共分 5 章。第 1 章介绍了 2018 年我国能源消费的主要特点；第 2 章分析了工业领域的节能情况，重点分析了黑色金属工业、有色金属工业、建材工业、石化和化学工业、电力工业的行业运行情况、能源消费特点、节能措施和节能成效；第 3 章分析了建筑领域的节能情况；第 4 章分析了交通运输领域中公路、铁路、水路、民航等细分领域的节能情况；第 5 章对我国全社会节能成效进行了汇总分析。

节电篇主要从我国电力消费情况及工业、建筑、交通运输等领域的节电工作进展等方面对全社会节电成效进行分析，共分5章。第1章介绍了2018年我国电力消费的主要特点；第2章分析了工业重点领域的节电情况；第3章分析了建筑领域的节电情况；第4章分析了交通运输领域的节电情况；第5章对全社会节电成效进行了汇总分析。

专题篇共设置2个专题。专题1介绍了电能替代的政策现状、开展情况及典型案例，研究分析了其发展前景及对节能减排的影响，提出了电能替代工作建议；专题2介绍了数据中心发展背景和耗能情况，分析了其节能潜力、节能措施及节能典型案例，提出了节能工作建议。

此外，本报告在附录中摘录了部分能源、电力数据，节能减排政策法规，能效及能耗限额标准等。

本报告概述和全社会节能节电成效章节由贾跃龙主笔；能源消费、电力消费章节由张煜主笔；工业节能、节电章节由吴鹏、王向、冀星沛、徐朝、吴陈锐主笔；建筑节能、节电章节由唐伟主笔；交通运输节能、节电章节由王成洁主笔；专题由谭清坤、马捷、唐伟主笔；附录由阳佳颖、文一帆、贾跃龙主笔。全书由贾跃龙统稿，吴鹏校核。

中国钢铁工业协会、中国有色金属工业协会、中国石油和化工联合会、中国建筑材料联合会、国家发展和改革委员会能源研究所、住房和城乡建设部科技与产业化发展中心、水电水利规划设计总院等单位的专家提供了部分基础材料和数据，并对报告内容给予了悉心指导。在此一并表示衷心感谢！

限于作者水平，虽然对书稿进行了反复研究推敲，但难免仍会存在疏漏与不足之处，恳请读者谅解并批评指正！

编著者

2019 年 11 月

目　录
CONTENTS

节 电 篇

专 题 篇

概　　述

在习近平主席"四个革命、一个合作"能源安全新战略指引下，2018年我国能源生产和消费革命不断向纵深发展，能源清洁低碳转型不断加快，节能事业发展取得了显著成就，有力支撑了资源节约型、环境友好型社会的建设。

一、2018年我国节能节电工作取得积极进展

全国单位GDP能耗持续下降，单位GDP电耗近年来首次升高。2018年，全国单位GDP能耗为0.56tce/万元（按2015年价格计算，下同），比上年降低2.9%[1]，全年实现节能量1.40亿tce，相当于2018年全国一次能源消费总量的3.0%；全国单位GDP电耗为828kW·h/万元，比上年提高1.8%，自2015年以来首次升高。

多数工业产品能耗持续下降。2018年，在国家大力推进节能减排工作的背景下，大多数制造业产品能耗持续下降。其中，电石、钢、烧碱、合成氨、平板玻璃的单位综合能耗分别比上年降低2.2%、2.6%、0.6%、0.7%、1.6%。

建筑部门是最重要的节能节电部门。与2017年相比，2018年全国工业部门、建筑部门、交通运输部门分别实现节能量4087万、7674万、1475万tce，分别占全社会节能量的29.2%、54.9%、10.5%；建筑部门节电量最大，为3115亿kW·h，工业部门和交通运输部门的节电量分别为936亿kW·h和0.21亿kW·h。

节能环保产业发展取得新成效。2018年，节能服务产业规模持续较快增长，节能减排能力不断增长。全年总产值为4774亿元[2]，比上年增长15.1%，增速较上年提高8.8个百分点；全国从事节能服务的企业6439家，比上年增长302家，行业从业人员72.9万人，比上年增加4.4万人。合同能源管理项目形成年节能能力3930万tce，比上年提高3.1%；合同能源管理投资达1171.0亿元，比上年增长5.2%，单位节能量投资成本与往年基本持平，为2980元/tce。

二、节能减排政策措施不断出台，有效促进节能工作开展

持续提升工业能效和绿色发展水平，助推工业经济高质量发展。工业能源

---

[1] 根据《中国统计年鉴2019》公布的GDP和能源消费数据测算，为2015年可比价结果。

[2] 节能服务产业数据来源于《2018节能服务产业发展报告》。

消费是我国能源消费的重点领域，工业领域能效提升是实现全社会节能目标的关键。2018 年，国家发展改革委、工业和信息化部等相关部委出台了包括《重点用能单位节能管理办法》《关于印发〈2018 年工业节能监察重点工作计划〉的通知》等在内的多项工业节能政策措施，涉及工业节能监察、工业节能与绿色标准化、节能技术产品推广等诸多方面，大力推动能源效率变革，积极促进工业清洁生产，扎实构建绿色制造体系，培育壮大绿色制造产业。

制订蓝天保卫战三年行动计划，助力节能工作开展。2018 年 7 月，国务院公开发布了《打赢蓝天保卫战三年行动计划》，提出要综合运用经济、法律、技术和必要的行政手段，大力调整优化产业结构、能源结构、运输结构和用地结构，强化区域联防联控，坚决打赢蓝天保卫战，实现环境效益、经济效益和社会效益多赢。国家统计局数据显示，环保政策对高耗能产业的抑制作用较为明显。

运用节能环保价格杠杆"撬动"绿色发展，深入推进能源等重点领域价格改革。2018 年 6 月，国家发展改革委印发《关于创新和完善促进绿色发展价格机制的意见》，旨在推进生态环境保护市场化进程，不断完善资源环境价格机制，更好发挥价格杠杆引导资源优化配置、实现生态环境成本内部化、促进全社会节约、加快绿色环保产业发展的积极作用。此外，国家发展改革委还将深入推进能源、公共服务等重点领域价格改革，适时放开竞争性环节价格。

通过碳排放权交易促进减排，成效显著。《碳排放权交易管理暂行条例》草案已经形成并经过多次修改，出台进程正在加速。截至 2018 年 11 月，试点地区碳排放配额成交量达 2.7 亿 t 二氧化碳，成交金额超过 60 亿元，开展碳交易试点地区的碳排放总量和强度实现双降。

持续更新节能产品政府采购清单并出台环保标准，形成对节能工作的引导效应。2018 年 1 月，财政部印发《关于调整公布第二十三期节能产品政府采购清单的通知》；2018 年 12 月，环保部发布《污染源源强核算技术指南　平板玻璃制造》《污染源源强核算技术指南　炼焦化学工业》《污染源源强核算技术指南　石油炼制工业》《污染源源强核算技术指南　有色金属冶炼》和《污染源源强核

算技术指南　电镀》五项标准，在全社会形成了良好的节能引导效应。

三、我国节能潜力依然巨大，节能产业发展前景广阔

能源安全约束进一步趋紧，对节能工作提出了更高的要求。2018 年，我国天然气和石油进口量比上年分别增长 32%、11%❶，对外依存度分别升至 45%、69.8%。随着我国能源消费量的不断增长，我国能源安全约束将进一步趋紧，当前的能源结构和能效水平有待优化和提升。

我国工业产品能耗与国际先进水平仍有一定差距，节能潜力巨大。工业部门特别是高耗能行业很多产品的单位产品能耗水平与国际先进水平相比，仍有 10%~30% 的差距，如钢材、水泥、乙烯等，总体上尚未摆脱高投入、高消耗、高排放的发展方式，资源能源消耗量大，迫切需要加快推进工业绿色发展。工业节能依然存在较大潜力，是我国节能工作的重点领域。

中小型企业的节能潜力有待充分挖掘。我国的中小企业数量多、涉及行业广，但其节能工作尚未得到足够的重视。在大型用能企业低成本节能空间逐步缩小的情况下，深入挖掘中小企业节能潜力，有利于支撑国家节能目标的实现、缓解全社会能源需求快速增长的压力以及降低企业运行成本。

综合能源服务发展前景广阔，将有力促进节能降耗。综合能源服务能够充分发挥电的枢纽作用，实现多种能源的统筹管理和优化互补，实现能源精细利用，从而提升社会整体能效。随着综合能源服务的快速发展，能源互联网生态圈将逐步建成，必将有力促进全社会节能降耗。

有必要规划先行，实现节能环保产业的有序健康发展。近年来，在观念、政策、技术等多因素变革下，节能环保产业步入了发展的黄金期。作为一个典型的政策导向型产业，当改革步入深水期，节能环保产业要进一步形成可持续发展的原动力。所以，要充分进行顶层设计，真正解决核心技术不足、创新不到位等痛点，实现节能环保产业的有序健康发展。

---

❶ 天然气进口数据来源于国家统计局，石油进口数据来源于《2018 年国内外油气行业发展报告》。

节能篇

1

能源消费

![本章要点]

（1）我国能源消费增速达到五年来新高。 2018 年，全国一次能源消费量 46.4 亿 tce，比上年增长 3.4%，增速比上年提高 0.5 个百分点，占全球能源消费的比重约为 24%。

（2）一次能源消费结构中煤炭比重持续下降，能源结构不断优化。 2018 年，我国煤炭消费量占一次能源消费量的 59.0%，比上年降低 1.4 个百分点；占全球煤炭消费总量的比重为 50.5%，比上年降低 0.2 个百分点。非化石能源消费量占一次能源消费量的比重达到 14.3%，比上年提高 0.7 个百分点。

（3）工业用能占终端能源消费比重持续下降，但仍占据主导地位。 2017 年，我国终端能源消费量为 32.71 亿 tce，其中，工业终端能源消费量为 20.88 亿 tce，占终端能源消费总量的比重为 63.9%，比 2016 年下降 0.9 个百分点。工业在终端能源消费中占据主导地位。

（4）优质能源在终端能源消费中的比重稳步上升，但比重仍偏低。 煤炭占终端能源消费比重持续下降，电、气等优质能源的比重逐步增加。2017 年我国电力占终端能源消费的比重为 23.2%，比 2016 年提高 0.7 个百分点，与日本、法国等国家相比仍有差距。

（5）人均能源消费量继续提高。 2018 年，我国人均能耗为 3306kgce，比上年提高 87kgce，比世界平均水平（2593kgce）高 713kgce，但与主要发达国家相比仍有明显差距。

1.1 能源消费概况

2018 年，全国一次能源消费量 46.4 亿 tce，比上年增长 3.4％，增速比上年提高 0.5 个百分点；占全球能源消费的比重达 24％❶。其中，煤炭消费量 27.38 亿 tce，比上年增长 1.1％；石油消费量 8.77 亿 tce，比上年增长 4.0％；天然气消费量 3.6 亿 tce，比上年增长 15.3％。我国一次能源消费总量与构成，见表 1-1-1。

表 1-1-1　　　　　　　　我国一次能源消费总量与构成

年 份	能源消费总量（万 tce）	构成（能源消费总量为 100）			
		煤炭	石油	天然气	一次电力及其他能源
1980	60 275	72.2	20.7	3.1	4.0
1990	98 703	76.2	16.6	2.1	5.1
2000	146 964	68.5	22.0	2.2	7.3
2001	155 547	68.0	21.2	2.4	8.4
2002	169 577	68.5	21.0	2.3	8.2
2003	197 083	70.2	20.1	2.3	7.4
2004	230 281	70.2	19.9	2.3	7.6
2005	261 369	72.4	17.8	2.4	7.4
2006	286 467	72.4	17.5	2.7	7.4
2007	311 442	72.5	17.0	3.0	7.5
2008	320 611	71.5	16.7	3.4	8.4
2009	336 126	71.6	16.4	3.5	8.5

---

❶ 数据来源：《BP 世界能源统计年鉴 2019》。

年　份	能源消费总量（万 tce）	构成（能源消费总量为 100）			
		煤炭	石油	天然气	一次电力及其他能源
2010	360 648	69.2	17.4	4.0	9.4
2011	387 043	70.2	16.8	4.6	8.4
2012	402 138	68.5	17.0	4.8	9.7
2013	416 913	67.4	17.1	5.3	10.2
2014	425 806	65.6	17.4	5.7	11.3
2015	429 905	63.7	18.3	5.9	12.1
2016	435 819	62.0	18.5	6.2	13.3
2017	448 529	60.4	18.8	7.0	13.8
2018	464 000	59.0	18.9	7.8	14.3

数据来源：国家统计局，《中国能源统计年鉴 2018》《中国统计年鉴 2019》。

注　电力折算标准煤的系数根据当年平均发电煤耗计算。

能源消费结构中煤炭比重继续下降。2018 年，我国煤炭占一次能源消费的比重为 59.0%，比上年降低 1.4 个百分点，创历史新低；占全球煤炭消费的比重为 50.5%[❶]，比上年降低 0.2 个百分点。我国是世界上少数几个能源供应以煤为主的国家之一，美国煤炭占一次能源消费的比重为 13.8%，德国为 20.5%，日本为 25.9%，世界平均为 27.2%。2018 年，我国原油消费量比重上升 0.1 个百分点；天然气比重上升 0.8 个百分点。非化石能源消费量占一次能源消费量的比重达 14.3%，比上年提高 0.7 个百分点。

1.2　工业占终端用能比重

工业在终端能源消费中占据主导地位。2017 年，我国终端能源消费量为

---

❶　本段数据来源于《中国统计年鉴 2019》《BP 世界能源统计年鉴 2019》。

32.71亿tce，其中，工业终端能源消费量为20.88亿tce，占终端能源消费总量的比重为63.9%；建筑业占2.2%；交通运输占12.0%；农业占2.1%。我国分部门终端能源消费结构，见表1-1-2。

表1-1-2　　　　　　　　我国分部门终端能源消费结构

部门	2000 年		2005 年		2010 年		2016 年		2017 年	
	消费量(Mtce)	比重(%)	消费量(Mtce)	比重(%)	消费量(Mtce)	比重(%)	消费量(Mtce)	比重(%)	消费量(Mtce)	比重(%)
农业	28.7	2.7	50.3	2.6	53.3	2.1	65.7	2.1	68.4	2.1
工业	718.7	67.7	1356.8	70.4	1826.5	70.4	2065.2	64.8	2088.1	63.9
建筑业	18.0	1.7	29.3	1.5	45.8	1.8	66.8	2.1	71.5	2.2
交通运输	103.7	9.8	177.5	9.2	251.9	9.7	370.4	11.6	393.0	12.0
批发零售	21.6	2.0	41.1	2.1	52.9	2.0	78.0	2.5	79.7	2.4
生活消费	126.2	11.9	200.1	10.4	263.3	10.1	389.5	12.2	414.5	12.7
其他	44.8	4.2	72.6	3.8	102.0	3.9	151.9	4.8	155.7	4.8
总计	1061.7	100	1927.7	100	2595.8	100	3187.4	100	3270.8	100

注　1. 数据来自《中国能源统计年鉴2018》。终端能源消费量等于一次能源消费量扣除加工、转换、储运损失，电力、热力按当量热值折算。
　　2. 我国统计的交通运输用油，只统计交通运输部门运营的交通工具的用油量，未统计其他部门和私人车辆的用油量。这部分用油量为行业统计和估算值。

1.3　优质能源比重

优质能源是相对的概念，指热值高、使用效率高、有害成分少，使用方便的能源，也指对环境污染小或无污染的能源。优质能源在终端能源消费中的比重逐步上升，但比重仍偏低。煤炭占终端能源消费比重持续下降，电、气等优质能源的比重逐步提高。2017年我国电力占终端能源消费的比重为23.2%，比2016年上升0.7个百分点❶，高于世界平均水平，比美国高1.5个百分点，但

---

❶ 来自《中国能源统计年鉴2018》。

比日本、法国等国家低 2～5 个百分点❶。煤炭比重偏高的终端能源消费结构是造成我国环境污染的重要原因。

1.4 人均能源消费量

人均能耗（每人每年一次能源的平均消费量）进一步提高。2018 年，我国人均能耗为 3306kgce，比上年增长 87kgce，比世界平均水平（2593kgce❷）高 713kgce，但仍远低于主要发达国家，2018 年美国、欧洲、日本分别为 10 059、4347、5101kgce。2005 年以来我国人均能耗增长情况，见图 1-1-1。

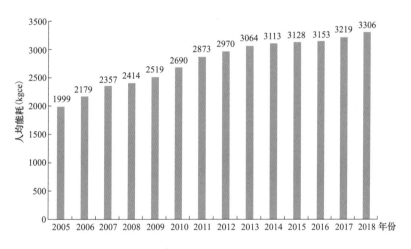

图 1-1-1　2005 年以来我国人均能耗增长情况

随着人均收入增加，我国能源需求潜力巨大，但未来节能力度也会加大，因此人均能耗水平将逐步提高，未来我国能源消费需求将保持平稳缓慢增长。

---

❶　国外数据来源于 IEA。

❷　本小节国外数据来源于 BP。

2

工业节能

本章要点

(1) 制造业多数产品单位能耗持续下降。2018 年，在我国节能环保工作大力推进的背景下，大多数制造业产品单位综合能耗下降。其中，铜冶炼单位综合能耗为 313kgce/t，比上年降低 2.5%；钢单位综合能耗为 571kgce/t，比上年降低 2.6%；烧碱单位综合能耗为 857kgce/t，比上年降低 0.6%；合成氨单位综合能耗为 1453kgce/t，比上年降低 0.7%；平板玻璃单位综合能耗为 12.2kgce/重量箱，比上年降低 1.6%。

(2) 工业部门实现节能量 4087 万 tce，占全社会节能量的 29.2%。与 2017 年相比，2018 年制造业 13 种产品单位能耗下降实现节能量约 1641.8 万 tce。据推算，制造业总节能量约为 2345 万 tce，工业部门实现节能量 4087 万 tce。

(3) 电力工业采取多种节能措施，节能效果良好，实现节能量 1742 万 tce。电力工业采取的主要节能措施包括大力发展非化石能源发电，积极推广大容量、高参数、环保型机组，推进高效、清洁、低碳火电技术研发应用，通过综合施策减少弃风弃光电量等。2018 年，全国 6000kW 及以上火电机组供电煤耗为 307.6gce/（kW·h），比上年降低 1.8gce/（kW·h）；全国线路损失率为 6.27%，比上年降低 0.21 个百分点。与 2017 年相比，综合发电和输电环节的节能效果，加上因弃风弃光率降低产生的节能效益，电力工业生产领域实现节能量 1742 万 tce。

2.1 综述

工业部门一直在我国能源消费中占主导位置，2017 年，我国终端能源消费量为 43.7 亿 tce，其中，工业终端能源消费量为 28.3 亿 tce，占终端能源消费总量的比重为 64.8%[1]。黑色金属冶炼和压延加工业，有色金属冶炼和压延加工业，非金属矿物制品业，石油加工、炼焦和核燃料加工业，化学原料和化学制品制造业等制造业与电力、煤气及水生产和供应业的终端能源消费量占工业总能耗的比重分别为 25.9%、7.8%、11.8%、6.5%、17.0%、6.6%，总计约为 75.6%。

2018 年工业部门通过技术创新、淘汰落后、循环利用、流程优化、产业集中、政策管理、智能转型等多措并举，工业节能工作取得新进展，主要高耗能工业产品综合能耗下降。例如，铜冶炼综合能耗为 313kgce/t，比上年降低 2.5%；钢综合能耗为 571kgce/t，比上年降低 2.6%；烧碱综合能耗为 857kgce/t，比上年降低 0.6%；合成氨综合能耗为 1453kgce/t，比上年降低 0.7%；平板玻璃综合能耗为 12.2kgce/重量箱，比上年降低 1.6%。

2.2 制造业节能

2.2.1 黑色金属工业

黑色金属工业指黑色金属冶炼及压延加工业，包括钢铁行业和铁合金行业等，本报告主要分析钢铁行业。

---

[1] 按发电煤耗计算。

（一）行业概述

（1）行业运行。

生产、消费较快增长，供大于求矛盾依然突出。2018 年，全国粗钢产量快速增长，达到 9.3 亿 t[❶]，比上年增长 6.6%，增速比上年提高 0.9 个百分点，产量再创历史新高。国内粗钢表观消费量 8.7 亿 t，比上年增长 14.8%，达到历史最高水平。中国仍是世界最大的粗钢生产和消费国，产量和消费量分别占世界的 51.3% 和 48.8%。2000－2018 年我国粗钢产量及增长情况见图 1-2-1。钢材（含重复材）产量 11.1 亿 t，比上年增长 8.5%，增速提高 7.7 个百分点，2000 年以来我国钢材产量及增长情况见图 1-2-2。

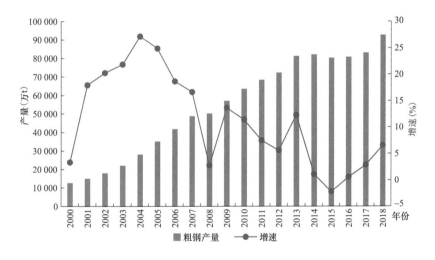

图 1-2-1　2000－2018 年我国粗钢产量及增长情况

钢材进口量、出口量双降。2018 年，受中美贸易摩擦影响，我国出口钢材 6934 万 t，比上年降低 8.1%[❷]，连续三年出口量下降，不利于化解国内钢铁产能过剩的压力。出口金额达到 606 亿美元，比上年增长 11.2%。钢材进口量为 1317 万 t，比上年降低 1.0%；进口金额为 164 亿美元，比上年增长 8.3%。2000 年以来我国钢材进出口量及增速走势见图 1-2-3 和图 1-2-4。

---

❶　不含台湾地区钢铁企业数据，下同。
❷　数据来源：海关总署。

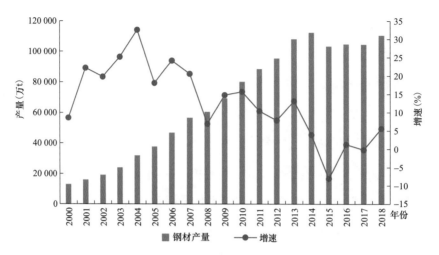

图 1-2-2　2000—2018 年我国钢材产量及增长情况

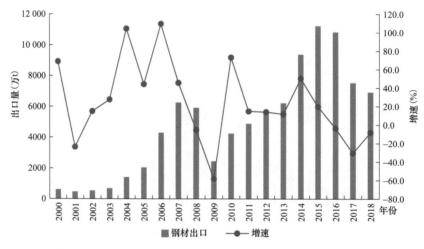

图 1-2-3　2000—2018 年我国钢材出口量及增速走势

钢铁行业经营状况总体良好。2018 年，国内钢材价格平均指数为 114.8 点，比上年提高 7.0 点，升幅为 6.5%。黑色金属冶炼及压延加工业实现营业收入 6.7 万亿元，比上年增长 15.2%；累计盈利 4029 亿元，比上年增长 37.8%。2016—2018 年分月国际、国内钢材综合价格指数如图 1-2-5 所示。

（2）能源消费。

2018 年全国重点统计的钢铁会员企业能耗总量为 26 417 万 tce，比上年降低 4.3%；吨钢综合能耗为 555.2kgce/t，比上年降低 2.7%。2017 年我国黑色

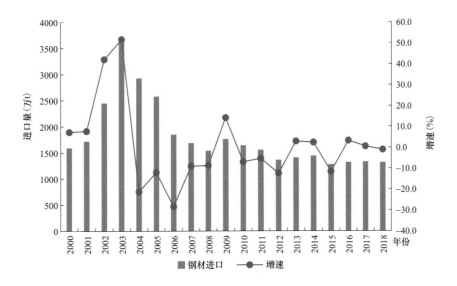

图 1-2-4　2000—2018 年我国钢材进口量及增速年度走势

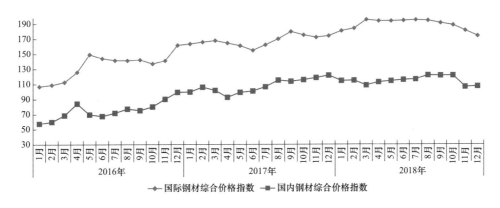

图 1-2-5　2016—2018 年分月国际、国内钢材综合价格指数

金属工业能源消费 7.33 亿 tce，占全国终端能源消费总量的比重为 16.8%，占比比 2016 年下降 0.6 个百分点；占工业行业耗能量比重为 25.9%，比 2016 年下降 0.5 个百分点❶。

（二）主要节能措施

　　钢铁行业的全流程节能主要包括炼焦、烧结、炼铁、炼钢、轧钢和能源公辅六个环节。受成本和经济性影响，我国钢铁行业一直以来以铁矿石为原料的

------

❶　数据来源：《中国能源统计年鉴 2018》。

长流程为主导，以废钢为原料的电炉短流程占比较低。随着钢铁行业化解过剩产能和全面取缔"地条钢"，2018年，我国废钢利用量大幅增长，达到1.85亿t，比上年增长25.0%。新兴节能技术有：

新型纳米涂层上升管换热技术。 上升管的内壁涂覆纳米自洁材料，在荒煤气高温下内表面形成均匀光滑而又坚固的釉面，焦炉荒煤气与上升管内壁换热时，难于凝结煤焦油和石墨，实现高效回收荒煤气余热，并维持管内壁清洁。预计未来5年，推广应用比例可达到50%，可形成节能57.67万tce/a，减排二氧化碳149.95万t/a。

> 武钢示范工程项目改造后，降低工序能耗约6kg/t标准煤，回收荒煤气显热约30%，吨焦产饱和蒸汽约85kg（0.4～0.6MPa），冷却循环氨水电耗降低约20%，年节约标准煤6236t（年产焦炭80万t）。投资回收期约24个月。

工业锅炉通用智能优化控制技术（BCS）。 采用先进的测量、故障诊断、优化控制及大数据挖掘等技术实现锅炉（窑炉）装置的安全、稳定与经济运行。预计未来5年，推广应用比例可达到30%，可实现节能200万tce/a，减排二氧化碳540万t/a。

> 河北钢铁股份有限公司承德分公司对1台260t/h燃气锅炉进行了改造，改造前日均煤气消耗约200万m³，全年运行按330天计，全年煤气消耗66 000万m³，用能约84 876tce。改造后，综合节能4244tce/a。投资回收期3个月。

（三）节能成效

节能环保工作再上新台阶，主要污染物排放和能源消耗指标有所下降。历年钢铁行业的总产量、能源消费量、综合能耗见表1-2-1。

表 1 - 2 - 1　　　2011—2018 年钢铁行业主要产品产量及能耗指标

产品产量及能耗指标	2011 年	2012 年	2013 年	2014 年	2015 年	2016 年	2017 年	2018 年
产量（Mt）	689.3	723.9	779.0	822.7	803.8	808.4	831.4	928.0
能源消费量（Mtce）	271	266	300	277	286	275	276	264
用电量（亿 kW·h）	5312	5134	5494	5578	5057	4882	4964	5425
吨钢综合能耗（kgce/t）	605	602	604	592	585	572	586	571

数据来源：国家统计局；国家发展改革委；钢铁工业协会；中国电力企业联合会。

注　综合能耗中的电耗按发电煤耗法折算标准煤，代表全国行业平均水平。能源消费总量、吨钢综合能耗数据为中国钢铁工业协会统计的会员企业数据。

分工序能耗来看：

烧结工序： 2018 年中钢协会员单位烧结工序能耗为 48.60kgce/t，比上年增长 0.16kgce/t。

焦化工序： 2018 年中钢协会员单位统计中有 35 家企业有焦化生产指标，其焦炭产量仅占全国焦炭产量的 25.35%。2018 年中钢协会员单位的焦化工序能耗为 104.88kgce/t，比上年增长 4.48kgce/t。

炼铁工序： 2018 年中钢协会员单位铁产量占全国铁产量的 82.54%，其炼铁工序能耗为 392.13kgce/t，比上年降低 0.77kgce/t。

转炉工序： 2018 年中钢协会员单位钢产量占全国钢产量的 75.69%，其中转炉钢产量为 62 081.73 万 t，比上年增长 5.65%。转炉工序能耗包括铁水预处理、转炉冶炼、转炉精炼和连铸的能耗。2018 年中钢协会员单位的转炉各工序能耗分别为 0.34、-18.57、8.68、6.29kgce/t。转炉消耗废钢铁为 126.22kg/t，比上年增长 28.98kg/t。2018 年中钢协会员单位的转炉工序能耗为 -13.39kgce/t[1]，比上年提高 0.84kgce/t。

---

[1]　转炉炼钢主要是以液态生铁为原料的炼钢方法。主要靠转炉内液态生铁的物理热和生铁内各组分（如碳、锰、硅、磷等）与送入炉内的氧进行化学反应所产生的热量，使金属达到出钢要求的成分和温度，在转炉炼钢过程中，铁水中的碳在高温下和吹入的氧生成一氧化碳和少量二氧化碳的混合气体，即转炉煤气。因此，转炉炼钢工序能耗通常为负值。

电炉工序：2018 年中钢协会员单位统计的电炉生产指标只有 23 家企业。2018 年我国电炉钢产量为 3802 万 t，比上年增长 8.56%，电炉钢比为 5.41%，呈增长态势。电炉工序能耗包括电炉冶炼能耗、电炉冶炼电耗、电炉精炼能耗、电炉精炼电耗、连铸能耗。2018 年中钢协会员单位的这些能耗分别为 43.14kgce/t、273.43kW·h/t、26.53kgce/t、86.81kW·h/t、9.72kgce/t。2018 年中钢协会员单位电炉消耗的钢铁料比上年降低 76.57kg/t，消耗的热铁水由上年的 524.53kg/t 降到 497.14kg/t，吨钢综合电耗由上年的 342.06kW·h/t 下降到 334.51kW·h/t。2018 年中钢协会员单位电炉工序能耗为 55.70kgce/t，比上年增长 0.37kgce/t。

钢加工工序：2018 年中钢协会员单位的钢材产量占全国钢材产量的 59.93%，其钢加工工序能耗为 54.32kgce/t，比上年降低 0.47kgce/t。

根据 2018 年钢铁产量测算，由于吨钢综合能耗的下降，钢铁行业 2018 年较 2017 年实现节能约 1417 万 tce。

2.2.2 有色金属工业

有色金属通常是指除铁和铁基合金以外的所有金属，主要品种包括铝、铜、铅、锌、镍、锡、锑、镁、汞、钛等十种。其中，铜、铝、铅、锌产量占全国有色金属产量的 90% 以上，被广泛用于机械、建筑、电子、汽车、冶金、包装、国防等领域。

（一）行业概述

（1）行业运行。

有色金属行业产品产量平稳增长，增速有所回升。 2018 年十种有色金属产量 5688 万 t，比上年增长 6.0%，增速提高 3.0 个百分点。其中，铜、铝、铅、锌产量分别为 903 万、3580 万、511 万、568 万 t，比上年分别增长 8.0%、7.4%、9.8%、-3.2%；铜材、铝材产量分别为 1716 万、4555 万 t，比上年分别增长

14.5％、2.6％❶。2000—2018 年十种有色金属的产量及增速见图 1-2-6。

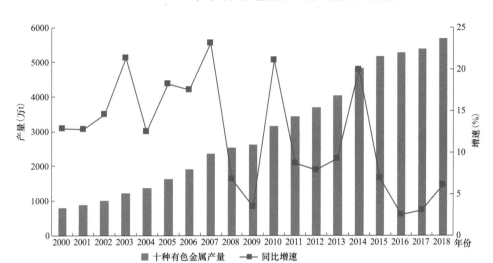

图 1-2-6　2000—2018 年十种有色金属产量及增速

价格高位震荡回落，效益大幅下降。2018 年，铜、铅现货均价分别为
50 689、19 126 元/t，比上年分别升高 2.9％、4.1％，增速比上年分别回落 26
个、22 个百分点，铝、锌现货均价分别为 14 262、23 674 元/t，比上年分别降
低 1.8％、1.7％。规模以上有色企业主营业务收入 54 289 亿元，比上年增长
8.8％；利润 1855 亿元，比上年降低 6.1％，其中，采选利润 416 亿元，与上
年持平；冶炼、加工利润分别为 679 亿、756 亿元，比上年分别降低 10.2％、
5.6％，尤其是铝行业利润比上年下滑 40.1％，成为拖累行业效益的主因。

投资有所恢复、境外投资取得积极进展。2018 年，有色金属行业固定资产
投资比上年增长 1.2％，其中，矿山采选投资比上年降低 8％，冶炼及加工领域
投资比上年增长 3.2％，由规模扩张转向加大环保、安全等技改以及高端材料、
新技术等研发。海外资源开发积极推进，中铝集团、五矿集团、中金岭南、魏
桥等境外项目取得新进展。

---

❶　产品产量数据来源于工业和信息化部。http://www.miit.gov.cn/n1146285/n1146352/n3054355/
n3057569/n3057578/c6638717/content.html。

（2）能源消费。

有色金属是我国主要耗能行业之一，是推进节能降耗的重点行业。2017年我国有色金属工业能源消费2.20亿tce，占全国终端能源消费总量的比重为5.0%，占比与2016年持平；占工业行业耗能量比重为7.8%，比2016年提高0.2个百分点❶。

从用能环节上看，有色金属行业的能源消费集中在冶炼环节，约占行业能源消费总量的80%。其中，铝工业（电解铝、氧化铝、铝加工）占有色金属工业能源消费量的80%左右。

（二）主要节能措施

（1）持续化解过剩产能。

化解过剩产能、控制总体产能规模，有利于继续挖掘结构节能潜力。"十三五"是我国有色金属工业转型升级、提质增效，迈入世界有色金属工业强国行列的关键时期，仍需积极运用环保、能耗、技术、工艺、质量、安全等标准，依法淘汰落后和化解过剩产能。

2018年，我国铝工业深化供给侧结构性改革，严控电解铝新增产能，推进电解铝产能置换。2018年7月27日，工业和信息化部发布《关于畅通举报渠道强化落后产能和产能违规置换查处的通知》，要求各地设立统一的淘汰落后产能和产能置换升级举报平台，集中受理举报，举报渠道通过多种形式，接受社会监督；对未按期完成落后产能退出的企业，各有关部门应及时吊销（注销）排污许可、生产许可等证照，将行政许可、行政处罚等有关涉企信息及时归集至国家企业信用信息公示系统。2018年，铝行业供给侧结构性改革的效应得到充分体现，前期一些未关停的违规产能被全部叫停，一批新建、预建项目受指标限制而减缓进度，电解铝产能扩张势头得到有效控制，近十年产量首次下降。我国电解铝关停产能近250万t，其中，上半年减产占比为5%，下半年

---

❶ 数据来源：《中国能源统计年鉴2018》。

减产 95%。

（2）加快新技术研发应用。

2018 年度国家科学技术奖励评出 285 个项目（人选），其中有色行业共有 10 项成果获奖。主要由中南大学等完成的"大深度高精度广域电磁勘探技术与装备"项目获得技术发明一等奖。主要由中南大学等单位完成的"冶炼多金属废酸资源化治理关键技术"项目、"基于硫磷混酸协同浸出的钨冶炼新技术"项目，主要由上海交通大学等单位完成的"高性能铝合金架空导线材料与应用"项目，主要由北京科技大学等单位完成的"复杂组分战略金属再生关键技术创新及产业化"项目分别获得技术发明二等奖。主要由中南大学、湖南柿竹园有色金属有限责任公司、洛阳栾川钼业集团股份有限公司等单位完成的"钨氟磷含钙战略矿物资源浮选界面组装技术及应用"项目，主要由荆门市格林美新材料有限公司等单位完成的"电子废弃物绿色循环关键技术及产业化"项目，主要由深圳市中金岭南有色金属股份有限公司、长沙有色冶金设计研究院有限公司等单位完成的"锌清洁冶炼与高效利用关键技术和装备"项目，主要由湖南科力远新能源股份有限公司等单位完成的"高安全性、宽温域、长寿命二次电池及关键材料的研发和产业化"项目，主要由中南大学等单位完成的"InSAR 毫米级地表形变监测的关键技术及应用"项目分别获得科技进步三等奖❶。

（3）大力发展再生金属产业。

有色金属材料生产工艺流程长，从采矿、选矿、冶炼以及加工都需要消耗能源。与原生金属相比再生有色金属的节能效果最为显著，再生铜、铝、铅、锌的综合能耗分别只是原生金属的 18%、45%、27% 和 38%。与生产等量的原生金属相比，每吨再生铜、铝、铅、锌分别节能 1054、3443、659、950kgce。发展再生有色金属对大幅降低有色金属工业能耗具有重要意义。2017 年，我国

---

❶ 信息来源：中国有色金属网 https：//www.cnmn.com.cn/ShowNews1.aspx? id=403817。

再生铝、再生铜、再生锌产量分别为 695 万、325 万、225 万 t❶，总体保持上升势头。

（4）推广重点节能低碳技术。

《2017 国家重点节能低碳技术推广目录》中涉及有色金属行业的技术约 24 项，其中仅 4 项技术当前推广比例超过 20％，有 8 项技术的推广比例不超过 1％。其中，低温低电压铝电解新技术、粗铜自氧化精炼还原技术、高电流密度锌电解节能技术、节能高效强化电解平行流技术在行业内的推广潜力不低于 50％。

以当前推广比例最高的氧气底吹熔炼技术为例（推广比例为 25％），该技术采用氧气底吹熔炼技术取代铅烧结鼓风炉工艺，实现自热熔炼，大幅度提高冶炼强度，显著降低能耗。氧气底吹熔炼技术自 2002 年第一条生产线投以来，不断完善和提升，在原料适应性、节能减排、清洁生产等方面取得了显著的成绩。目前该技术每年可实现节能量 3 万 tce，减排二氧化碳约 7.92 万 t。预计未来 5 年，该技术在行业内的推广潜力可达到 45％，预计投资总额 6 亿元，每年实现节能能力 10 万 tce，减排二氧化碳约 26 万 t。

（三）节能成效

尽管环保要求日趋严格，环保设备的运行增加了综合电量消耗，2018 年我国铝锭综合交流电耗为 13 555kW·h/t，比上年降低 22kW·h/t，但比 2015 年国际先进电耗水平高 677kW·h/t 左右。铜冶炼能耗下降明显，按发电煤耗法折算，2018 年我国铜冶炼综合能耗为 313kgce/t，比上年降低 2.5％。2010—2018 年有色金属行业主要产品产量及能耗情况，见表 1-2-2。

表 1-2-2 　　　　　　有色金属行业主要产品产量及能耗指标

产品产量及能耗指标	2010 年	2015 年	2016 年	2017 年	2018 年
十种有色金属产量（Mt）	31.21	51.55	52.83	53.78	56.88

---

❶ 数据来源：《再生有色金属工业发展报告　2018》。

产品产量及能耗指标	2010 年	2015 年	2016 年	2017 年	2018 年
铜	4.59	7.96	8.44	8.89	9.03
铝	15.77	31.41	31.87	32.27	35.80
铅	4.26	3.85	4.67	4.72	5.11
锌	5.16	6.15	6.27	6.22	5.68
用电量（亿 kW·h）	3169	5378	5453	5427	5736
电解铝交流电耗（kW·h/t）	13 979	13 562	13 599	13 577	13 555
铜冶炼综合能耗（kgce/t）	500	372	337	321	313

数据来源：国家统计局；国家发展改革委；有色金属工业协会；中国电力企业联合会。
注 综合能耗中的电耗按发电煤耗法折算标准煤，代表全国行业平均水平。

2018 年，根据当年产量测算，电解铝节能量为 23.2 万 tce，铜冶炼节能量为 7.2 万 tce。

2.2.3 建材工业

建材工业是生产建筑材料的工业部门，是重要的基础设施原材料工业，细分门类众多，产品十分丰富，包括建筑材料及制品、非金属矿物及制品、无机非金属新材料三大门类，涉及建筑、环保、军工、高新技术和人民生活等众多领域。改革开放以来，建材工业在我国所创造的"经济奇迹"和"基础设施奇迹"中发挥了非常重要的支撑作用。本报告所关注的建材工业主要是建材工业中的制造业部门，主要产品包括水泥、石灰、砖瓦、建筑陶瓷、卫生陶瓷、石材、墙体材料、隔热和隔音材料以及新型防水密封材料、新型保温隔热材料、装饰装修材料等，共约有 20 多个行业细分门类、1000 多种类型产品。其中，建材行业最具代表性的产品是水泥和平板玻璃，两种产品产量大、产值高、细分产品种类丰富、应用范围十分广泛。

（一）行业概述

（1）行业运行。

建材行业经济效益明显提高。2018 年，建材工业规模以上企业完成主营业务收入 4.8 万亿元，比上年增长 15%，利润总额 4317 亿元，比上年增长 43%，销售利润率 9.0%。其中，水泥主营业务收入 8823 亿元，比上年增长 25%；利润 1546 亿元，比上年增长 114%。平板玻璃主营业务收入 761 亿元，比上年增长 7.2%；利润 116 亿元，比上年增长 29%。卫生陶瓷、防水材料、玻璃纤维及制品、石灰石膏制品、非金属矿利润总额比上年分别增长 15.9%、26.6%、29.2%、41.5%、10.3%。

建材主要产品产量保持平稳增长。2018 年，全国水泥产量 21.8 亿 t，比上年降低 3.0%，增速比上年提高 3.2 个百分点；平板玻璃产量 8.7 亿重量箱，比上年提高 2.1%，增速比上年回落 1.4 个百分点；商品混凝土产量 179 612 万 m^3，增长 12.4%，增速比上年提高 3.1 个百分点。2005 年以来全国水泥和平板玻璃产量分别见图 1-2-7 和图 1-2-8。

建材产品价格水平稳步回升。2018 年，建材产品全年均价比上年升高 10.5%，在上年企稳回升的基础上继续上涨。其中，2018 年 12 月当月建材价格指数为 115.4，比上年提高 6.5%。全国通用水泥平均出厂价格为 396.7 元/t，比上年升高 22%，平板玻璃平均出厂价 75.7 元/重量箱，比上年升高 3.5%。

行业技术升级和环保改造相关的投资大幅增长。2018 年，建材规模以上非金属矿采选业固定资产投资比上年增长 26.7%，非金属矿制品业固定资产投资比上年增长 19.7%。全年固定资产投资增长主要来源于技术升级及环保改造，新建扩能项目投资占比较少，其中民间投资占全行业投资比重超过 90%。

产业集中度大幅提高。大型建材企业推进联合重组，推动产业集中度明显提高。其中，前 10 家水泥企业（集团）熟料产能集中度已达 64%，比 2015 年提高 12 个百分点。建材新兴产业加快发展，传统建材业比重有所下降。

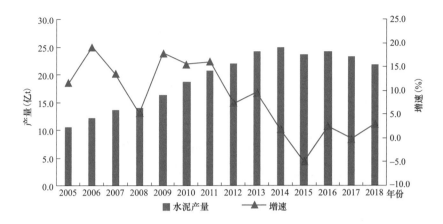

图 1-2-7　2005 年以来我国水泥产量及增长情况

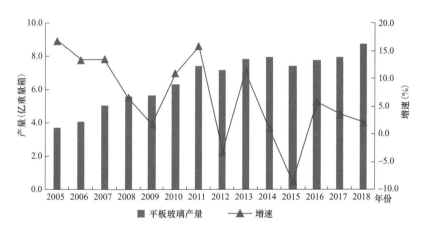

图 1-2-8　2005 年以来我国平板玻璃产量及增长情况

（2）能源消耗。

2017 年我国建材工业能源消费总量约 3.35 亿 tce，占全国终端能源消费总量的比重为 7.7%，占比比 2016 年下降 0.2 个百分点；占工业能源消费总量的 11.8%，比上年降低 0.2 个百分点。由于一些非建材工业企业在产品生产过程中制造了大量的水泥、建筑石灰和墙体材料等建材工业产品，这些产品生产所消耗的能源并没有被纳入建材工业能耗的统计核算范围之中，使得建材工业的实际能源消费被严重低估。

建材工业中水泥、平板玻璃、石灰制造、建筑陶瓷、砖瓦等传统行业增加值占建材工业 50%～60%，单位产品综合能耗在 2～14tce 之间，能源消耗总量占建材工业能耗总量的90％以上；玻璃纤维增强塑料、建筑用石、云母和石棉制品、隔热隔声材料、防水材料、技术玻璃等行业单位产品综合能耗均低于1tce，能耗占建材工业能耗总量的6％左右。我国主要建材产品产量及能耗情况，见表1-2-3。

表1-2-3   我国主要建材产品产量及能耗情况

类　别	2011年	2012年	2013年	2014年	2015年	2016年	2017年	2018年
水泥（亿t）	20.6	21.8	24.1	24.8	23.5	24	23.3	21.8
砖（亿块）	330.9	324.2	416.0	478.0	515.4	531.6	484.4	441.0
卫生陶瓷（万件）	1705.16	1705.25	1754.12	1699.07	1849.42	2000.52	2154.47	1870.65
平板玻璃（万重量箱）	73 800	71 416	77 898	79 261	73 862	77 403	79 024	86 863.5
产品能耗								
水泥（kgce/t）	134	129	127	126	125	123	123	123
平板玻璃（kgce/重量箱）	14.8	14.5	14	13.6	13.2	12.8	12.4	12.2

数据来源：《中国统计年鉴2019》《中国能源统计年鉴2018》，中国建筑材料联合会。
注　产品能耗中的电耗按发电煤耗折算成标准煤。

（二）节能措施

（1）水泥行业新工艺。

多级燃烧技术。技术原理：分级燃烧是将燃料、燃烧空气及生料分别引入，以尽量减少氮氧化物形成并尽可能将氮氧化物还原成N_2。分级燃烧涉及四个燃烧阶段：①回转窑阶段，可优化水泥熟料煅烧；②窑进料口，减少烧结过程中氮氧化物产生的条件；③燃料进入分解炉内煅烧生料，形成还原气氛；④引入三次风，完成剩余的煅烧过程。

工艺流程：水泥新型干法生产线中分解炉内空气分级燃烧包括：空气分级将燃烧所需的空气分两部分送入分解炉。一部分为主三次风，占总三次风量的70％～90％；另一部分为燃尽风（OFA），占总三次风量的10％～30％。炉内的燃烧分为3个区域，即热解区、贫氧区和富氧区。空气分级燃烧是与在烟气流垂直的分解炉截面上组织分级燃烧的。空气分级燃烧存在的问题是二段空气量过大，会使不完全燃烧损失增加；分解炉会因还原性气氛而易结渣、腐蚀；由于燃烧区域的氧含量变化引起燃料的燃烧速度降低，在一定程度上会影响分解炉的总投煤量的最大值，也就是说会影响分解炉的最大产量。水泥窑燃烧分级燃烧技术是指在窑尾烟室和分解炉之间建立还原燃烧区，将原分解炉用燃料的一部分均布到该区域内，使其缺氧燃烧以便产生 CO、CH_4、H_2、HCN 和固定碳等还原剂，这些还原剂与窑尾烟气中的氮氧化物发生反应，将氮氧化物还原成 N_2 等无污染的惰性气体。此外，煤粉在缺氧条件下燃烧也抑制了自身染料型氮氧化物产生，从而实现水泥生产过程中的氮氧化物减排。

　　山东联合王晁水泥有限公司，2015 年 4 月分级燃烧技术改造投入运行后，脱硝效率可达到 60%，窑用煤量比改造前下降 2%～3%，熟料产质量得到很大程度的提高，窑熟料日产量稳定在 2950t/d 以上，熟料 28d 抗压强度在 58MPa 以上。改造后氮氧化物排放浓度由 950～1000mg/m³（标况下）下降到 400～500mg/m³（标况下），降幅 52.63%；改造后吨熟料氨水用量由 4.1kg 下降到 1.1kg，降幅 73.2%；因氨水的使用量减少，使熟料热耗也下降，节能减排明显。

水泥窑大温差交叉料流预热预分解系统工艺技术。技术原理：此技术适应于水泥窑预热预分解系统提产、节能、降耗技术改造。根据预热器系统废气和物料温度不同的特点，按照牛顿冷却定律原理，通过旋风筒下料管对物料进行再分配，形成比原换热单元更大的气固温差，实现大温差高效换热。同时，分解炉采用多次料气喷旋叠加和出料再循环技术，提高煤粉燃烧和生料分解效能，提升预热预分解系统整体效率。

　　此项技术应用可以提高熟料产量 10%～25%；提高熟料强度 1.0～

3.5MPa；降低烧成煤耗 2.9～4.5kgce/t；降低综合电耗 3.5～5.0kW·h/t；降低废气中氮氧化物含量 200～300mg/m³。

白银市王岘水泥有限公司，建设规模：改造前年均熟料产量 1618t/d，标准煤耗 139.1kgce/t，综合电耗 81.5kW·h/t。改造烧成窑尾大温差交叉流预热预分解系统：C2、C3 大温差系统，多次来料喷旋叠加再循环型分解炉，分解炉低氮燃烧系统。改造后，熟料产量提高了 398t/d；熟料强度增加 4.5MPa；标准煤耗降低了 20.1kgce/t，综合电耗降低了 4.6kW·h/t，共可节约标准煤 7891tce/a。投资回收期约 8 个月。

高固气比水泥悬浮预热分解技术。技术原理：新型氧化铝陶瓷研磨体目前通常指的是氧化铝含量约为 92％的高温陶瓷烧结体，有球形（研磨球）和柱形（研磨锻）以及球柱结合的胶囊型。这种氧化铝陶瓷烧结体具有耐高温、高硬度、耐磨损、耐腐蚀、低膨胀系数、高导热性、质量轻、脆性大等特性。其密度为 3.6～3.8g/cm，莫氏硬度 9 级，洛氏硬度（HRA85-90），耐磨损性能均大大优于传统钢球。作为研磨介质，其高硬度、高耐磨性是应有属性；质量轻是节能的前提，又是研磨效率相对偏低的原因；脆性大则是其突出的缺点，即破损率大。**工艺流程**：采用辊压机等磨前预粉碎设备的入磨物料粒度通常小于 3mm，甚至小于 1mm。由于入磨物料粒度减小，球磨机磨内研磨体的平均球径必然要随之减小。一般来说，一仓最大球的球径不要超过 50mm，合理的级配是让进入尾仓的颗粒能够被新型研磨体充分研磨。而且，应根据磨机的入磨颗粒粒度适时调整隔仓板位置，增大细磨仓长度。经验证明，尾仓陶瓷研磨体应该较金属研磨体填充率提高 3％～6％，最大球径大一规格，装载量是原来金属研磨体的 60％左右，要使更换后的研磨体的总表面积不能低于金属研磨体，以保证足够的研磨性能。加入新型陶瓷研磨体前，在仓内铺撒一部分水泥或者矿粉，作为一种开机缓冲。

水泥球磨机正常运行后，要密切关注各系统参数的变化。主机电流、磨机进出料口等处负压、出磨气体温度等参数会出现较大幅度的变化，应根据磨况变化及时进行调整。粉磨设备的工艺参数应与之前相适应或者接近，确保磨机系统安全运行。同时，岗位操作工尽快适应新的粉磨工况，在稳定水泥粉磨系统产、质量的前提下，节电降耗。

（2）玻璃行业新工艺。

钛纳硅超级绝热材料保温节能技术。玻璃窑炉的炉体保温材料一般为轻质保温砖、磷酸盐珠光体、珍珠岩等，这些保温材料的导热系数较高，通常在 0.05W/（m·K）（常温）以上，即使使用厚度较大，散热量仍然很大。玻璃窑炉体散热量可占玻璃熔化总能耗的 1/3。美国、日本等发达国家通过提高保温材料性就能取得约 30% 的节能效果，与国外先进水平相比，我国璃窑炉能耗比国外高 30% 左右。预计未来 5 年，可在浮法玻璃行业推广 50 条生产线，建筑陶瓷行业推广 5000 条生产线，有色金属、钢铁等行业可推广 20%，可形成的年节能能力为 25 万 tce，年减排能力约 66 万 t 二氧化碳。

> 海南中航特玻材料有限公司，550t/a 高档浮法玻璃生产线窑炉节能保温工程，采用了钛纳硅技术为核心的组合保温技术，对窑炉的熔化部大碹、澄清部大碹、蓄热室大碹、蓄热室墙体、胸墙、小炉等部位，保温总面积 871m²，钛纳硅超级绝热彩料使用 2613m²。保温前单耗 2164kcal/kg 玻璃液，保温后 2096kcal/kg 玻璃液，节能率 3.14%。改造后每年可节能 1948tce，年节能经济效益为 426 万元，投资回收期 10 个月。

浮法玻璃炉窑全氧助燃装备技术。目前我国浮法玻璃生产线有 270 多条，单线产量从 300～1200t/d 不等。以熔化能力每日 600t，燃料为天然气浮法玻璃窑炉为例，日耗天然气量为 $11.0 \times 10^4 \text{m}^3$（标况下），日排二氧化碳 238t，二氧化硫为 0.552t，氮氧化物为 0.86t，不仅能耗偏高，也对环境造成了一定程度

31

的污染。目前该技术可实现年节能量 4 万 tce，减排约 11 万 t 二氧化碳。

山东金晶节能玻璃有限公司，600t/d 浮法玻璃生产线。改造双高空分设备、氧气天然气主盘和流量控制盘、0 号枪位置窑炉开孔。主要设备为双高空分设备、氧气燃料流量控制系统、0 号氧枪及配套喷嘴砖等。改造后每年可节能 4200tce，投资回收期 1 年。

(3) 陶瓷行业新工艺。

陶瓷原料干法制粉技术。 采用"粗→细、干→干"工艺，将原材料进行干法粉碎和细磨，之后将细粉料与水混合完成增湿造粒，过湿的粉料再经干燥、筛分和闷料（陈腐），制备成干压成形用粉料，相对湿法制粉减少了用水、用电，节能效果明显。①节水节能。与湿法制粉相比，干法制粉减少了造粒喷雾塔环节，直接节约用水 70％以上，与之相应的是蒸发这些水的用电、用燃料及产生的排放等。②高效的干法研磨减少热耗。干法研磨机将均匀混合后的配方原料再次烘干磨粉，设备配置单独的热风炉，同时预留窑炉余热的连接管道口，利用窑炉的余热，减少设备在生产中的热能消耗。③智能化控制。运用中控管理，自动化监控每个工序，节省人力物力、降低废品率，提高生产效率。

淄博卡普尔陶瓷有限公司，改造前采用湿法制粉工艺，其湿法制粉生产线单位粉料电耗为 69.02kW·h/t。采用干法制粉系统，建设全新干法制粉釉面砖生产线一条，连续进行干法制粉釉面砖生产，产品优等品率达到 96％。改造后，干法制粉综合能耗 18.25kgce/t，每吨粉料综合节能 68.05kgce，综合节能 78.85％；每吨粉料节水 308.69L，节水 79.42％；每吨粉料可以节省球石 2.85kg、化工添加剂 2.85kg、黑泥 100kg；每吨粉料排放减少二氧化碳 0.231t；几乎不排放二氧化硫和氮氧化物，颗粒物浓度极低，废气可以直接排放。共可节约标准煤 2.33 万 tce/a。投资回收期约 14 个月。

大规格陶瓷薄板生产技术。陶瓷砖生产是高能耗、高污染产业，多年来一直是国家严控的产业。目前我国陶瓷行业年消耗相关原材料资源超过 2.5 亿 t，消耗煤炭超过 5000 万 t，并排放大量的废气、废水、固体废弃物等。目前该技术可实现年节能量 3 万 tce，减排约 8 万 t 二氧化碳。技术原理：采用新技术、新工艺、新方法实现陶瓷砖的薄型化生产，其厚度是传统陶瓷砖的 1/3，实现了陶瓷生产过程节约原材料资源超过 60％，整体节能超过 40％，二氧化硫、二氧化碳等气体的排放减少近 20％~30％。

> 广东蒙娜丽莎陶瓷有限公司，日产量 3500m²。主要技改内容为墙地砖布料及模具系统、全自动液压压砖机、高效节能辊道窑、大规格陶瓷薄板抛光线、大规格陶瓷砖自动包装线、并配套相关的水电、能源、仓储、运输等条件。改造后每年可节能 1962tce，投资回收期 1.3 年。

（三）节能成效

2018 年，水泥、墙体材料、建筑陶瓷、平板玻璃产量分别为 21.8 亿 t、441.0 亿块、1870.6 万件、8.7 亿重量箱，其中，水泥单位能耗水平与 2017 年基本相当，墙体材料、建筑陶瓷单位能耗比上年分别升高 0.1kgce/块、191.8kgce/件，平板玻璃比上年降低 1kgce/重量箱；能耗的变化主要是产品工艺技术及流程的改善，比如取消了 PC32.5 标号水泥后，水泥熟料的添加比例明显提高，增加了水泥行业的能耗，但是随着高标号水泥的使用及普及，相应的水泥产量及需求量正在逐步下降，实现了建材行业的节能。综合考虑各主要建材产品能耗的变化，根据 2018 年产品产量测算，建材行业主要产品能耗及节能量测算见表 1-2-4。

表 1-2-4   建材行业主要产品能耗及节能量测算结果

类别		2015 年	2016 年	2017 年	2018 年	节能量
水泥	产量（万 t）	234 796	240 295	231 625	217 667	54
	产品综合能耗（kgce/t）	125	123	123	123	
砖	产量（亿块）	515.4	531.6	484.4	441.0	12
	产品综合能耗（kgce/块）	0.9	0.8	0.9	1.0	
卫生陶瓷	产量（万件）	1849.4	2000.5	2154.5	1870.6	7
	产品综合能耗（kgce/件）	1573.5	1388.1	1290.2	1481.9	
平板玻璃	产量/（亿重量箱）	7.39	7.74	7.90	8.69	3
	产品综合能耗（kgce/重量箱）	13.2	12.8	12.4	12.2	
节能量总计（万 tce）						76

数据来源：国家统计局；国家发展改革委；工业和信息化部；中国建筑材料联合会；中国水泥协会。
注   产品综合能耗中的电耗按发电煤耗折算标准煤。

2.2.4   石化和化学工业

我国石化工业主要包括原油加工和乙烯行业，化工行业产品主要有合成氨、烧碱、纯碱、电石和黄磷。其中，合成氨、烧碱、纯碱、电石、黄磷、炼油和乙烯是耗能较多的产品类别。

在生产工艺方面，**乙烯**产品占石化产品的 75% 以上，可由液化天然气、液化石油气、轻油、轻柴油、重油等经裂解产生的裂解气分出，也可由焦炉煤气分出，或由乙醇在氧化铝催化剂作用下脱水而成。**合成氨**指由氮和氢在高温高压和催化剂存在下直接合成的氨：首先，制成含 H_2 和 CO 等组分的煤气；然后，采用各种净化方法除去灰尘、H_2S、有机硫化物、CO 等有害杂质，以获得符合氨合成要求的 1:3 的氮氢混合气；最后，氮氢混合气被压缩至 15MPa 以上，借助催化剂制成合成氨。**烧碱**的生产方法有苛化法和电解法两种，苛化法按原料不同分为纯碱苛化法和天然碱苛化法；电解法可分为隔膜电解法和离子交换膜法。**纯碱**是玻璃、造纸、纺织等工业的重要原料，是冶炼中的助溶剂，制法有联碱法、氨碱法、路布兰法等。**电石**是重要的基本化工原料，主要用于产生乙炔气，也用于有机合成、氧炔焊接等，由无烟煤或焦炭与生石灰在电炉中共热至高温而成。

（一）行业概述

（1）行业运行。

2018年，主要化工产品产量增长存在着分化和波动，总产量增长约2.3%，较上年回落0.2个百分点。其中，原油加工量6.04亿t，比上年增长6.8%，增速提高1.8个百分点；乙烯产量1841.0万t，比上年增长1.0%，增速下降1.3个百分点；烧碱产量3420.2万t，比上年增长2.7%，增速下降1.3个百分点；电石产量2562万t，比上年增长4.7%，增速提高10.2%；纯碱产量2620.5万t，比上年降低5.3%，增速下降12.3个百分点；化肥总产量（折纯）5459.6万t，比上年降低5.2%，增速回升5.9个百分点；合成氨产量约4718.7万t，比上年降低4.6%，增速回升8.7个百分点。2011年以来我国烧碱、乙烯产量情况，见图1-2-9。

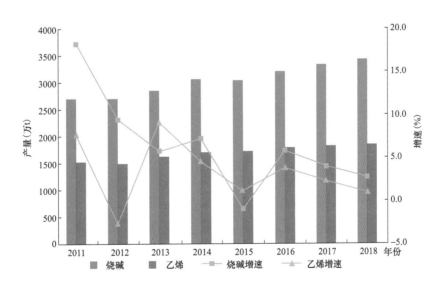

图1-2-9 2011年以来我国烧碱、乙烯产量情况

2018年，石油和化工行业效益持续较快增长。主营业务收入12.40万亿元，增长13.6%，维持了上年的高速增长态势，占全国规模工业主营收入的

12.1％；利润总额 8393.8 亿元，增长 32.1％，同样持续快速增长，占全国规模工业利润总额的 12.7％；主营收入利润率达到 6.8％，为 2012 年以来最高；资产负债率 54.6％，比上年降低 1.40 个百分点；全年全行业亏损企业亏损额 1162.3 亿元，比上年降低 36.6％。

（2）能源消费。

2017 年，我国石化和化学工业能源消费 6.67 亿 tce，占全国终端能源消费总量的比重为 15.3％，占比比 2016 年下降 0.1 个百分点；占工业行业耗能量比重为 23.5％，比 2016 年提高 0.3 个百分点。

随着产业结构持续优化和转型升级步伐加快，行业万元工业增加值能耗和重点产品单位综合能耗持续下降。2018 年，行业万元工业增加值耗标准煤比上年降低 10.0％，其中，化学工业降幅 6.3％，石油加工业下降 16.6％。重点产品单位能耗多数继续下降，电石、纯碱、烧碱、合成氨等重点产品单位综合能耗分别比上年降低 2.2％、0.6％、0.5％和 0.7％。行业能耗下降呈加快趋势，能源效率不断提升。

2018 年，石化和化学工业主要耗能产品能源消费情况为：炼油耗能 5470.8 万 tce，比上年增长 6.4％；乙烯耗能 166.9 万 tce，比上年增长 1.1％；合成氨耗能 6857.5 万 tce，比上年降低 5.2％；烧碱耗能 2932.3 万 tce，比上年增长 2.2％；纯碱耗能 866.7 万 tce，比上年降低 5.9％；电石耗能 821.9 万 kW·h，比上年增长 2.4％，见表 1-2-5。

表 1-2-5　　　我国主要石化和化学工业产品产量及能耗

类　　别	2012 年	2013 年	2014 年	2015 年	2016 年	2017 年	2018 年
主要产品产量							
炼油（Mt）	467.90	478.60	502.80	522.00	541.00	567.77	603.57
乙烯（Mt）	14.87	16.23	16.97	17.15	17.81	18.22	18.41
合成氨（Mt）	54.59	57.45	57.00	57.91	57.08	49.46	47.19

类 别	2012 年	2013 年	2014 年	2015 年	2016 年	2017 年	2018 年
烧碱（Mt）	26.98	28.54	30.59	30.28	32.02	33.29	34.20
纯碱（Mt）	24.04	24.29	25.14	25.92	25.85	27.67	26.20
电石（Mt）	18.69	22.34	25.48	24.83	25.88	24.47	25.62
产品能耗							
炼油（万 tce）	4351.5	4446.2	4676.0	4802.4	4923.1	5144.0	5470.8
乙烯（万 tce）	1327.9	1426.2	1459.4	1464.6	1499.7	1531.5	166.9
合成氨（万 tce）	8472.4	8801.3	8778.0	8657.5	8482.5	7237.7	6857.5
烧碱（万 tce）	2660.6	2774.2	2903.0	2716.3	2814.3	2869.1	2932.3
纯碱（万 tce）	903.9	818.7	844.7	852.8	868.6	920.9	866.7
电石（万 kW·h）	628.0	764.8	833.7	820.1	834.4	802.6	821.9
节能技术							
千万吨级炼油厂数（座）	21	22	23	24	24	26	28
离子膜法占烧碱产量比重（%）	85.1	84.4	84.3	85.4	88.2	85.2	84.2
联碱法占纯碱产量比重（%）	47	50	46	48	45	46.2	47.6

数据来源：国家统计局网站，中国石油和化工经济数据快报之产量分册；个别数据来自新闻报道。

注 产品综合能耗按发电煤耗折标准煤。

（二）主要节能措施

2018 年以来，我国继续推进"三去一降一补"的供给侧结构性改革，石油和化工行业按照国家政策坚持推进结构性调整，转变发展方式。通过提升产品技术、工艺装备、能效环保水平，强化节能环保标准，约束过剩产能产品增长，淘汰落后产能，特别是持续推进危化品企业搬迁入园、环保督察以及散乱污企业的退出，行业整体节能水平有效提升。

（1）结构调整有效推进。 化解产能过剩矛盾取得积极进展。石油和化工行业继续致力于供给侧结构性改革，尤其是产能严重过剩的传统行业和大宗基础化学品，严格执行产业政策，加快落后产能退出，严控过剩产品新增产能；同时，行业龙头企业向产业链上下游延伸，开展全产业链布局，或建立覆盖多产业的化工大园区，装置规模和集中度、产能利用率、经营效益都得到逐步改善，整体能效提升；合成氨、烧碱、纯碱及黄磷等产品单位综合能耗均出现不同程度下降。

高端化、差异化、精细化水平进一步提升。新兴产业如生物基材料制造和生物基燃料加工业累计工业增加值比上年大幅度增长，基础化学原料、合成材料和专用化学品制造对收入增长的贡献率较高，整体来看，高附加值、高性能精细化学品市场呈现良好增长态势，增长结构持续优化。

(2) 节能管理力度持续加大。2018 年 7 月，《打赢蓝天保卫战三年行动计划》（以下称《计划》）由国务院发布并提出，经过 3 年努力，大幅减少主要大气污染物排放总量，协同减少温室气体排放，进一步明显降低 PM2.5 浓度，明显减少重污染天数，明显改善环境空气质量，明显增强人民的蓝天幸福感。《计划》将以京津冀及周边地区、长三角地区、汾渭平原等区域为重点，持续开展大气污染防治行动。随着《计划》的逐步实施，禁止和限制发展的行业、生产工艺和产业目录将逐渐明确，城市建成区重污染企业搬迁改造或关闭退出将加快，重点区域化工园区禁止新增和整治力度将得到强化。

2018 年 12 月，国家发展改革委、商务部联合发布《市场准入负面清单（2018 年版）》（以下称《清单》），标志我国全面实施市场准入负面清单制度。《清单》主体包括"禁止准入类"和"许可准入类"两大类，共 151 个事项、581 条具体管理措施，与此前的试点版负面清单相比，事项减少了 177 项，具体管理措施减少了 288 条。包括煤制燃料、输油管网、输气管网、炼油、石化和煤化工等特定能源项目和原材料项目建设将实现严格的核准制，未经许可不准建设，其余项目将禁止建设。《清单》的发布为推动石油化工行业产业结构调整和绿色发展提供了保障。

2018年，受国家发展改革委和工业和信息化部委托，石化联合会编制并发布了《石化绿色工艺名录（2018年版)》（以下称《名录》)。经过在全行业中广泛征集，共收集到各单位上报绿色工艺160余项，再结合《产业结构调整指导目录（2011年本，2013年修正)》鼓励类条目及《环境保护综合名录（2017年版)》高污染高环境风险豁免工艺，合计候选工艺约200项。《名录》推出与产品生产直接相关，已经实现产业化，所生产产品市场需求良好的20条工艺，后续将进行动态调整。《名录》为各相关部门支持石化产业绿色发展提供了依据，有助于引导企业在技术改造、项目建设中积极采用先进绿色工艺技术，推进石化产业转型升级和绿色发展。

危化品企业搬迁改造加快推进

2016年8月，国务院印发《关于石化产业调结构促转型增效益的指导意见》，要求新建石化项目必须进入石化基地，新建危化品企业必须进入规范化工园区。2017年8月，国务院发布《国务院办公厅关于推进城镇人口密集区危险化学品生产企业搬迁改造的指导意见》，要求推进城镇人口密集区危险化学品生产企业搬迁改造和转型升级，确保安全生产和社会和谐稳定。

2018年2月，工业和信息化部与应急管理部牵头成立了由国家发展改革委、生态环境部等14个部委组成的搬迁改造专项工作组，加快推进危化品企业搬迁改造工作。在工作组督促指导各地尽快确定名单、完善实施方案之后，各地陆续发文明确退城入园时间表。截至2018年年末，初步确定全国需要搬迁改造的企业共有1176家，其中异地搬迁479家，就地改造360家，关闭退出337家，涉及包括新疆兵团在内的28个省、市、自治区。

2018年以来，各地积极开展了评估企业、摸底化工园区工作，并在上半年均完成了具体实施方案（省市版)，山东、江苏、河南等多地连续出台相关政策。作为化工大省，山东在2018年1月发布《山东省专业化工园区认定管理办法》，对化工园区进行了重新认定，将园区从原来的199家缩减到"75+10"家，到达该上限后，确有必要增设的，按照"撤一建一"的原则办理。山东于6月公布第一批通过认定的30家化工园区和1家专业化工园区名单，在9月公布第二批认定的15家化工园区和1家专业化工园区以及在10月公布第三批拟认定的园区包括29家化工园区和9家专业化工园区。

（3）能效领跑企业引领效应突出。石油和化学工业联合会连续八年组织开展全行业重点耗能产品能效"领跑者"发布工作，并得到工业和信息化部、国家发展改革委及全国总工会的大力支持。2018年度能效"领跑者"发布活动出现了一些新情况和亮点。行业参与度进一步提高，规范性更强，产品品种由17种增加到了20种，增加的三种产品（对二甲苯、精对苯二甲酸、煤制烯烃）是行业中相对耗能较大、发展较快且能耗限额标准已经发布的产品。对比2017年度17种产品的28个品种的单位产品综合能耗，19个品种能效"领跑者"第一名的单位产品综合能耗均比上年有所下降，最高降幅达到22.4%（氧化铁黄）。轻质碳酸钙、轮胎（半钢子午线）、硫酸（硫铁矿制酸）、硫酸（硫黄制酸）、炼油、电石和乙烯共7个品种"领跑者"第一名综合能耗略有回升，其余品种包括炼油、乙烯"领跑者"前三名的单位产品综合能耗基本与上年持平。

（4）节能新技术推广潜力巨大。石化和化工领域技术节能仍然发挥着重要作用。例如，**高效大型水煤浆气化技术**，以气化为基础的煤转化技术把煤转化成燃料和化学品，能够降低煤炭常规排放量和对于进口石油和天然气的依赖度，与国际先进技术相比，该技术有效气成分提高3个百分点，碳转化率提高约4个百分点，比氧耗降低10.2%，比煤耗降低2.1%，技术指标国际领先，该技术在行业推广比例预计可达 15％，节能能力达到 162.3 万 tce/a；**水溶液全循环尿素生产装置改造**，适合新建尿素生产装置和对现有水溶液全循环装置进行节能增产改造，投资较低，生产能力有较大提高，可大幅度降低原材料消耗、消除环境污染，经济效益和环保效益显著，预计未来 5 年，该技术在行业内的推广潜力可达到 40％，投资总额 33 亿元，节能能力 47 万 tce/a，减排能力 128 万 t 二氧化碳/a；**黄磷生产过程余热利用及尾气发电（供热）技术**，通过对黄磷生产中排放的尾气进行收集、加压并进行净化处理，再输送到专用燃烧器中进行配风旋混燃烧，燃烧后产生的热量及强腐蚀高温烟气再经过耐腐蚀的专用黄磷尾气锅炉进行换热，交换后的热量用于加热水产生蒸汽或者利用蒸汽带动汽轮机发电系统发电，所产蒸汽与电量均用于黄磷生产，降低产品能耗，预计未来 5 年，该技术的行业推广比例可达 50％，项目总投资 3.6 亿元，可形成年节能能力达 67 万 tce，年减排能力为 177 万 t 二氧化碳；**硝酸生产反应余热余压利用技术**，将硝酸生产工艺流程中产生的余热、余压进行回收，所转化的机械能直接补充在轴系上，用于驱动机组，减少能量多次转换损耗，提高能量利用效率，预计未来 5 年，该技术在行业内推广比例将达 70％，项目总投资 17 亿元，可形成的年节能能力为 50 万 tce，年碳减排能力为 132 万 t 二氧化碳。

（三）节能成效

2018 年，炼油、乙烯、合成氨、烧碱、纯碱产品单位能耗分别为 91、841、1453、857、331kgce/t，电石单耗为 3208kW·h/t，除炼油和乙烯外，所有产品单耗都有所下降，见表 1-2-6。相比上年，2018 年炼油加工、乙烯、合成氨、烧碱、纯碱和电石生产节能量分别是 -2.52 万、-0.45 万、47.65 万、15.03 万、5.23 万 tce 和 53.48 万 tce；石油工业实现节能约 -2.96 万 tce，化学品工业实现节能约 121.39 万 tce，合计 118.43 万 tce。

表 1-2-6 　　　　2018 年我国石化和化学工业主要产品节能情况

产　品		2013 年	2014 年	2015 年	2016 年	2017 年	2018 年	2018 年节能量（万 tce）
石油工业能耗（万 tce）		5919.8	6062.7	6267.0	6214.8	6675.5	6965.0	-2.96
炼油	加工量（Mt）	478.60	502.80	522.00	541.00	567.77	603.57	-2.52
	单耗（kgce/t）	93	93	92	91	91	91	
乙烯	产量（Mt）	16.23	16.97	17.15	17.81	18.22	18.41	-0.45
	单耗（kgce/t）	879	860	854	842	841	841	
化学品工业能耗（万 tce）		33 851	35 376	35 306	35 313	31 402	23 507	121.39
合成氨	产量（Mt）	57.45	57	57.91	57.08	49.46	47.19	47.65
	单耗（kgce/t）	1532	1540	1495	1486	1463	1453	
烧碱	产量（Mt）	28.54	30.59	30.28	32.02	33.29	34.20	15.03
	单耗（kgce/t）	972	949	897	879	862	857	
纯碱	产量（Mt）	24.29	25.14	25.92	25.85	27.67	26.20	5.23
	单耗（kgce/t）	337	336	329	336	333	331	
电石	产量（Mt）	22.34	25.48	24.83	25.88	24.47	25.62	53.48
	单耗（kW·h/t）	3423	3272	3303	3224	3279	3208	

数据来源：国家统计局；工业和信息化部；中国石化和化学工业联合会；中国电力企业联合会；中国化工节能技术协会；中国纯碱工业协会；中国电石工业协会。

注　产品综合能耗按发电煤耗折标准煤。

2.3　电力工业节能

电力工业作为国民经济发展的重要基础性能源工业，是国家经济发展战略中的重点和先行产业，也是我国能源生产和消费大户，属于节能减排的重点领域之一。2018 年，全国完成电力投资合计 8127 亿元，比上年降低 1.4%。其中,电网建设投资 5340 亿元,与上年基本持平;电源投资 2787 亿元,比上年降低 3.9%❶。

（一）行业概述

（1）行业运行。

2018 年,我国电力工业继续保持较快增长势头,电力供应和电网输送能力进一步增强,电源和电网结构进一步优化。电源建设方面,截至 2018 年年底,全国全口径发电装机容量达到 19.0 亿 kW,比上年增长 6.5%,增速比上年回落 1.2 个百分点;全国全口径发电量 69 947 亿 kW·h,比上年增长 8.4%,增速比上年提高 1.9 个百分点。电网建设方面,截至 2018 年底,全国电网 220kV 及以上输电线路回路长度为 73 万 km,比上年增长 5.8%,220kV 及以上变电设备容量为 43 亿 kV·A,增长 6.0%。

新增装机容量结构不断优化。2018 年,全国新增发电装机容量 12 785 万 kW,比上年少投产 234 万 kW。其中,水电、火电、核电、风电和太阳能新增装机容量分别为 859 万、4380 万、884 万、2127 万 kW 和 4525 万 kW,水电、火电、太阳能比上年降低 33.27%、1.65% 和 15.26%,风电和核电比上年分别增长 23.64% 和 306.44%。我国电源与电网发展情况见表 1-2-7。

表 1-2-7　　　　　　我国电源与电网发展情况

类　　别	2005 年	2013 年	2014 年	2015 年	2016 年	2017 年	2018 年
年末发电设备容量（GW）	517.18	1257.68	1360.19	1525.27	1650.51	1777.08	1900.12
其中：水电	117.39	280.44	301.83	319.54	332.07	343.59	352.59
火电	391.38	870.09	915.69	1005.54	1060.94	1104.95	1144.08
核电	6.85	14.66	19.88	27.17	33.64	35.82	44.46
风电	1.06	76.52	95.81	130.75	147.47	163.25	184.27

---

❶　发电装机容量、发电量数据来源为中国电力企业联合会发布的《2019 年中国电力行业年度发展报告》,下同。

续表

类　　别		2005 年	2013 年	2014 年	2015 年	2016 年	2017 年	2018 年
发电量（TW·h）		2497.5	5372.1	5545.9	5740.0	6022.8	6417.1	6994.7
其中：水电		396.4	892.1	1066.1	1112.7	1174.8	1193.1	1232.1
火电		2043.7	4221.6	4173.1	4230.7	4327.3	4555.8	4924.9
核电		53.1	111.5	126.2	171.4	213.2	248.1	2950
风电		1.3	138.3	159.8	185.6	240.9	303.4	3658
220kV 及以上	输电线路（万 km）	25.37	54.38	57.20	61.09	64.2	69	73
	变电容量（亿 kV·A）	8.43	27.82	30.27	31.32	34.2	40.3	43

数据来源：中国电力企业联合会，《2018 年电力工业统计资料汇编》。

（2）能源消费。

电力工业消耗能源总量占一次能源消费总量的比重不断提高。2018 年，全国 6000kW 及以上电厂消耗能源量为 14.9 亿 tce，比上年增长 7.6%，占全国一次能源消费总量的比重为 33.4%，占比比上年提高 2.6 个百分点。其中，发电消耗能源量为 13.1 亿 tce，比上年增长 7.4%；供热消耗能源量为 1.8 亿 tce，比上年增长 9.6%。

厂用电量增速低于发电量增速，线损电量增速低于供电量增速。2018 年，全国发电厂厂用电量为 3274 亿 kW·h，比上年增长 6.3%，低于发电量增速；全国线路损失电量为 3731 亿 kW·h，比上年增长 5.9%，低于供电量增速。

减排效果显著。由于煤炭消耗量大，电力行业是节能减排的重点行业。2018 年我国的电力烟尘、二氧化硫、氮氧化物排放量分别约为 21 万、99 万、96 万 t，分别比 2017 年下降 19.2%、17.5%、15.8%。在节能减排上，煤电机组全面投运脱硫设施，据中电联统计分析，截至 2018 年底，已投运煤电烟气脱硫机组容量超过 9.6 亿 kW，占全国煤电机组容量的 95.9%；其余为采用燃烧中脱硫技术的循环流化床锅炉。已投运火电厂烟气脱硝机组容量约 10.6 亿 kW，占全国火电机组容量的 92.6%。

（二）主要节能措施

2018 年，我国电力工业节能减排取得了显著成就，所采取的节能措施主要包括以下几个方面：

（1）深入推进低碳绿色发展，非化石能源装机容量和发电量比重继续提高。

截至 2018 年底，火电装机容量占比下降到 60.2%，比上年降低 2 个百分点；煤电装机容量占比下降到 53.1%，比上年降低 2.2 个百分点。非化石能源发电装机比重和发电量比重持续增长。非化石能源装机容量达到 7.56 亿 kW，占总装机比重的 39.8%，比上年提高 2 个百分点；在新增装机容量中，非化石能源新增装机占比 68.9%，比上年降低 1.3 个百分点，新增装机结构进一步优化。在发电量方面，水电、核电、并网风电、并网太阳能发电量比上年增长为 3.1%、18.9%、20.1%、50.2%，发电量占全国发电量比重分别为 17.6%、4.2%、5.2%、2.5%。非化石能源发电量占全国发电量的比重为 29.5%，比上年提高了 0.7 个百分点。

（2）大容量、高参数、环保型机组比重进一步提高。

火电建设继续向着大容量、高参数、环保型方向发展。2018 年，全国 6000kW 及以上火电厂供电标准煤耗 307.6g/（kW·h），比上年降低 1.8g/（kW·h），煤电机组供电煤耗水平持续保持世界先进水平。截至 2018 年底，我国大容量火电机组比重进一步提高，火电 30 万 kW 及以上机组占全国火电机组总容量的 80.1%，比上年提高 0.7 个百分点，比 2010 年累计提高 7.4 个百分点。其中，100 万 kW 及以上容量等级火电机组占全国火电机组总容量的 10.6%，比上年提高 0.4 个百分点；单机大于 60 万 kW 不足 100 万 kW 容量等级火电机组装机容量占比达到 35.3%，超过 1/3，比上年提高 0.5 个百分点；单机 30kW 不足 60kW 容量等级火电机组装机容量占比达到 34.2%，也超过 1/3。火电大机组的利用效率提高。根据中电联对 25 家主要发电企业火电机组调查统计，100 万 kW

及以上机组等级的火电利用小时数最高，达到 5089h，比上年增长 242h，提高幅度最大。10kW 以下容量等级机组的利用小时数降低 288h，其他各容量等级的火电机组利用小时数比上年增长均超过 100h。

（3）积极推进高效、清洁、低碳火电技术研发和应用。

2018 年，火电行业多项火电技术取得重大突破，超超临界 CFB 锅炉技术进行了循环流化床锅炉污染物超低排放技术验证，二次再热锅炉技术取得重大突破，新型汽轮机凝抽背供热技术实现突破。其中，660MW 超超临界 CFB 锅炉技术采用流态重构＋低床压得简约节能 M 型锅炉设计方案，实现了完全自主知识产权，锅炉本体、关键部件实现国产化，为世界单机容量最大、参数最高的 CFB 锅炉，供电煤耗低至 289.7g/（kW·h）。超超临界二次再热锅炉技术采用世界首创Л型布置＋尾部三烟道＋平行挡板高温专利技术，成功解决了二次再热锅炉汽温调节难题，为我国燃煤火电机组建立了新标杆。新型汽轮机凝抽背供热技术采取高效低压缸冷却蒸汽系统、辅机优化系统等配置，实现了机组在纯凝、抽汽与背压工况的实时切换和采暖季稳定运行。在 200MW 特电机组实施后热能力相提升 48％，机组电负荷调峰能力增加 20％以上。

（4）综合施策推动弃风、弃光电量进一步降低。

国家陆续出台了《关于促进西南地区水电消纳的通知》《解决弃水弃风弃光问题实施方案》等政策文件，行业企业也积极行动，综合施策推动解决“三弃”问题，全国弃风弃光现象明显改善。据国家能源局数据，2018 年，我国风电利用率达 92.8％，弃风率为 7.2％，比上年降低 4.9 个百分点；弃光率为 3.0％，比上年降低 2.8 个百分点。弃风弃光主要集中在新疆、甘肃和内蒙古等地区，多发生于冬季供暖期以及夜间负荷低估时段，三省区的弃风弃光电量超过 300 亿 kW·h，占全国比重超过 90％。水能利用率 95％以上，弃水主要集中在西南的四川、云南地区，多发生于汛期。由于其弃风弃光率的降低减少弃风弃光电量约为 229 亿 kW·h。

（三）节能成效

2018 年，全国 6000kW 及以上火电机组供电煤耗为 307.6gce/（kW·h），比上年降低 1.8gce/（kW·h）；全国线路损失率为 6.27%，比上一年降低 0.21 个百分点。我国电力工业主要指标见表 1-2-8。

表 1-2-8 我国电力工业主要指标

指　标	2012 年	2013 年	2014 年	2015 年	2016 年	2017 年	2018 年
供电煤耗［gce/（kW·h）］	325	321	319	315	312	309	307.6
发电煤耗［gce/（kW·h）］	305	302	300	297	294	294	289.9
厂用电率（%）	5.10	5.05	4.85	5.09	4.77	4.8	4.69
其中：火电（%）	6.08	6.01	5.85	6.04	6.01	6.04	5.95
线路损失率（%）	6.74	6.69	6.64	6.64	6.49	6.48	6.27
发电设备利用小时（h）	4579	4521	4318	3969	3797	3790	3880
其中：水电（h）	3591	3359	3669	3621	3619	3597	3607
火电（h）	4982	5021	4739	4329	4186	4219	4378

数据来源：中国电力企业联合会，《2018 年电力工业统计资料汇编》。

与 2017 年相比，综合发电和输电环节节能效果，加上因弃风弃光电率降低产生的节能效益，2018 年电力工业生产领域实现节能量 1742 万 tce。

2.4　节能效果

与 2017 年相比，2018 年制造业 13 种产品单位能耗下降实现节能量约 1641.8 万 tce，这些高耗能产品的能源消费量约占制造业能源消费量的 70%，据此推算，制造业总节能量约为 2345 万 tce，见表 1-2-9。再考虑电力生产节能量 1742 万 tce，2018 年与 2017 年相比，工业部门实现节能量约为 4087 万 tce。

表 1 - 2 - 9　　　　　　　我国 2018 年制造业主要高耗能产品节能量

类别	产品能耗				2018 年			2018 年节能量（万 tce）
	单位	2015 年	2016 年	2017 年	2018 年	产量	单位	
钢	kgce/t	572	586	571	555	92 800	万 t	1417
电解铝	kW•h/t	13 562	13 599	13 577	13 555	3580	万 t	23.2
铜	kgce/t	372	337	321	313	903	万 t	7.2
水泥	kgce/t	125	123	123	123	217 667	万 t	54.0
卫生陶瓷	kgce/件	1573.5	1288.1	1290.2	1481.9	1870.6	万件	7.0
砖	kgce/块	0.9	0.8	0.9	1.0	441.0	亿块	12.0
平板玻璃	kgce/重量箱	13.2	12.8	12.4	12.2	8.69	亿重量箱	3.0
炼油	kgce/t	92	91	91	91	60 357	万 t	− 2.5
乙烯	kgce/t	854	842	841	841	1841	万 t	− 0.5
合成氨	kgce/t	1495	1486	1463	1453	4719	万 t	47.7
烧碱	kgce/t	897	879	862	857	3420	万 t	15.0
纯碱	kgce/t	329	336	333	331	2620	万 t	5.2
电石	kW•h/t	3303	3224	3279	3208	2562	万 t	53.5
合计					1641.8			

数据来源：国家统计局，《中国统计年鉴 2019》《中国能源统计年鉴 2018》；国家发展改革委；工业
　　　　　和信息化部；中国电力企业联合会；中国钢铁工业协会；中国有色金属工业协会；中国
　　　　　建材工业协会；中国水泥协会；中国陶瓷工业协会；中国石油和化学工业联合会；中国
　　　　　化工节能技术协会；中国纯碱工业协会；中国电石工业协会。

注　1. 产品综合能耗均为全国行业平均水平。

　　2. 产品综合能耗中的电耗按发电煤耗折标准煤。

　　3. 1111m³ 天然气＝1toe。

3

建筑节能

本章要点

（1）我国建筑面积规模不断增长。2018 年，竣工房屋建筑面积 41.4 亿 m²，其中住宅竣工面积为 6.6 亿 m²；房屋施工规模达 140.9 亿 m²，其中住宅施工面积为 57.0 亿 m²。

（2）绿色建筑面积持续增长，建筑节能改造稳步推进。2018 年，全国新增绿色建筑 10.6 亿 m²，完成既有建筑节能改造达到 0.44 亿 m²。截至 2018 年底，全国累计建成节能建筑超过 180 亿 m²，强制推广绿色建筑超过 35 亿 m²。

（3）建筑业产值持续增长，增速呈现下滑态势。2018 年，全国建筑业总产值达 23.5 万亿元，比上年增长 9.9%，增速降低 0.6 个百分点。

（4）我国建筑领域节能成效显著。目前城镇既有建筑中执行 50% 以上节能标准的节能建筑占比超过 50%。2018 年，建筑领域通过对既有建筑实施节能改造、实施清洁取暖、推动绿色建筑发展、推广超低能耗建筑、广泛应用数字信息技术、利用可再生能源等节能措施，合计实现节能量 7674 万 tce。其中，全国新建建筑执行强制性节能设计标准形成年节能量约 1686 万 tce，既有居住建筑节能改造形成年节能量约 190 万 tce，高效照明形成节能量约 5798 万 tce。

3.1 综述

3.1.1 行业运行现状

建筑业作为国民经济的支柱产业，直接影响着国民经济的增长和社会劳动的就业状况，也是推动经济社会发展的重要力量，在提高国民生产总值以及地区生产总值方面都做出了显著贡献，所以各省地区都十分重视建筑业的发展。我国的建筑市场呈现了高度繁荣的景象。

2018 年全国建筑业总产值达 23.5 万亿元，比上年增长 9.9％，增速较上年下降 0.6 个百分点。2018 年国内生产总值 90.0 万亿元，按可比价格计算，比上年增长 9.7％，建筑业占国内生产总值的 6.9％，工业占比 33.9％，与 2017 年相比建筑业占比上涨了 0.2 个百分点，而工业基本保持不变。2018 年全社会建筑业增加值为 61 808 亿元，比上年增长 4.5％，增速较上年增加 1 个百分点，2013 年以来全国建筑业增加值变化情况见图 1-3-1。

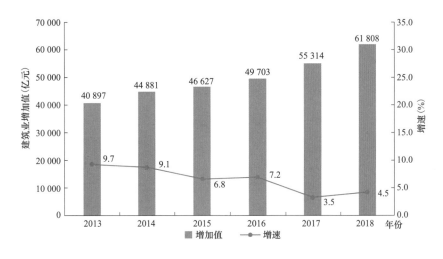

图 1-3-1 2013 年以来全国建筑业增加值变化情况

2018 年全国房屋施工规模达 104.9 亿 m^2，比上年增长 6.96％，增速连续三年保持增长，其中住宅施工面积为 57.0 亿 m²，比上年增长 6.3%，占比为 40.5%；竣工房屋建筑面积为 41.35 亿 m²，比上年降低 1.33%，连续两年呈现略微下降态势，其中住宅竣工面积约为 6.6 亿 m²，比上年降低约 8 个百分点。房屋新开工面积 20.9 亿 m²，比上年增长 17.2%，其中住宅新开工面积 15.3 亿 m²，比上年增长 19.7%。全国房地产开发投资 12.0 万亿元，比上年增长 9.5%，其中，住宅投资 8.51 万亿元，比上年增长 13.4%，住宅投资占房地产开发投资的比重为 70.8%。全国建筑施工、竣工房屋面积及变化情况，见表 1-3-1。

表 1-3-1　　　　全国建筑施工、竣工房屋面积及变化情况

年份	建筑业房屋建筑面积：施工面积（万 m²）	住宅（万 m²）	施工面积较上年增加（%）	建筑业房屋建筑面积：竣工面积（万 m²）	住宅（万 m²）	竣工建筑面积较上年增加（%）
2000	160 141.10	48 304.93		80 714.90	18 948.45	
2005	352 744.70	127 747.65		159 406.20	40 004.49	
2010	708 023.51	314 942.59		277 450.22	61 215.72	
2011	851 828.12	388 438.59	20.31	316 429.28	71 692.33	14.04
2012	986 427.45	428 964.05	15.80	358 736.23	79 043.20	13.37
2013	113 2002.86	486 347.33	14.75	401 520.93	78 740.62	11.92
2014	1 249 826.35	515 096.45	10.40	423 357.30	80 868.26	5.43
2015	1 239 717.60	511 569.52	− 0.80	420 784.90	73 777.36	− 0.60
2016	1 264 219.90	521 310.22	1.97	422 375.70	77 185.19	0.37
2017	1 317 195.00	536 433.96	4.19	419 074.00	71 815.12	− 0.78
2018	1 408 920.41	569 987.00	6.96	413 508.79	66 016.00	− 1.33

数据来源：国家统计局。

　　建筑碳排放总量主要影响因素包括城镇人口数、地区生产总值等，城镇人

口数量越多、地区生产总值越大，建筑碳排放总量就越高。

2018 年我国城镇化率为 59.6%，2015－2018 年，每年城镇化率以 1.1%～1.3%的增速增长。2018 年末全国大陆总人口 139 538 万人，比上年末增加 530 万人，其中城镇常住人口 83 137 万人，占总人口比重（常住人口城镇化率）为 59.58%，比上年末提高 1.06 个百分点。按照人均住宅面积估算，年城镇新增人口将增加约 3 亿 m² 的住宅需求。2006 年以来我国城乡人口变化情况如图 1-3-2 所示。

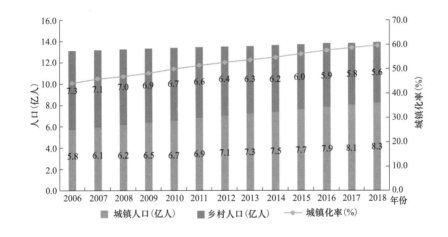

图 1-3-2　2006 年以来我国城乡人口变化情况

数据来源：国家统计局。

注　年新增住宅需求按照 2018 年城镇居民人均住房建筑面积为 39m²，农村居民人均住房建筑面积为 47.3m²。

有专家预测 2020 年全国城镇化率达到 60%以上，各省城镇化率区间在 50%～87%之间；2030 年全国城镇化率将达到 65%～70%，各省城镇化率区间在 54%～90%之间；2050 年全国城镇化率将达到 70%～75%，各省城镇化率区间在 62%～90%之间。目前我国常住人口城镇化率距离发达国 80%的平均水平还有很大差距，未来城镇化潜力依然较大，城镇化率仍然将保持上升趋势，国内建筑总体规模仍旧保持扩大态势。

"十三五"期间城镇化持续发展,考虑人口和人均能源需求增长因素,与 2018 年相比,2020 年城市生活新增能源需求可达 0.35 亿 tce。

3.1.2　能耗现状及节能趋势

据统计,我国建筑能耗占社会总能耗的 30% 以上,《建筑节能与绿色建筑发展"十三五"规划》中指出,我国城镇既有建筑中仍有约 60% 的不节能建筑,能源利用效率低。还有数据显示,中国每建成 $1m^2$ 的房屋,约释放出二氧化碳 0.8t。建筑业推动经济发展的同时,高污染和高耗能的特点给自然环境带来了破坏。全球气候变暖日益严重,而建筑碳排放是温室气体的主要碳排放源之一。建筑碳排放总量占全国能源碳排放总量的 20% 左右。开展建筑节能工作,是我国的能源及环境的严峻形势所决定的,对促进国民经济发展和社会全面进步具有重要意义,也是我国"十三五"期间的节能重点工作之一,是我国国民经济发展的一项长期战略任务,是实现可持续发展的必然选择。

目前建筑与工业、交通成为我国能源使用的三大主力行业,其中建筑节能的潜力最为巨大。建筑能耗包括建筑材料生产、建筑营造等建筑建造过程能耗以及建筑运行过程能耗,建造过程能耗取决于建造业的发展。建筑运行能耗,指建筑物使用过程能耗,包括照明、采暖、空调和各类建筑内使用电器的能耗,在建筑的全生命周期中,约有 80% 的能耗发生在建筑物使用过程中。如果不采取针对性的技术和政策措施,不对能耗强度和总量加以控制,我国建筑能耗强度和能耗总量将大幅增长,对我国能源消费总量控制产生影响,使得总量控制的目标无法实现。同时,由于能源供应的限制,还将影响工业和交通用能,影响我国经济正常发展。

综合中外建筑能耗强度比较、发达国家建筑能耗发展历史、各研究机构对中国未来建筑能耗预测分析以及我国社会和经济发展的现状分析,我国建筑能耗总量和能耗强度还有可能出现较大的增长,在国家能源消费总量控制要求下，建筑能耗必须进行总量控制。

我国建筑节能还处于发展期。自1980年以来，我国建筑节能工作以建筑节能标准为先导取得了举世瞩目的成果，尤其在降低严寒和寒冷地区居住建筑供暖能耗、公共建筑能耗和提高可再生能源建筑应用比例等领域取得了显著的成效。建筑节能工作经历了30年的发展，随着国家节能和环保事业的深入发展，建筑节能的标准不断提高，从20世纪80年代试行的建筑节能30%，现阶段建筑节能65%的设计标准已经全面普及，部分地区强制要求65%～75%，节能效果不断提升。

建筑节能工作减缓了我国建筑能耗随城镇建设发展而持续高速增长的趋势，并提高了人们居住、工作和生活环境的质量。同时，科技不断进步，技术创新和理念更新速度进一步加快，建筑节能工作开展拥有了更高效的手段。

从既有建筑来看，我国既有建筑量大面广，面积已突破600亿 m²，每年的新增量约为20亿 m²。我国北方城市建筑中有25%建于1990年以前，属于不节能建筑，热指标为新建建筑的2倍以上；15%建于1990—2000年，不符合节能标准，热指标为新建建筑的1.5倍；60%建于2000年以后，基本符合节能标准，一些新开发区几乎100%达标。目前城镇既有建筑中执行50%以上节能标准的节能建筑占比超过50%。

从新建建筑来看，我国北方供暖地区城镇新建居民建筑现执行节能65%的JCJ 26—2010《严寒和寒冷地区居住建筑节能设计标准》，新建公共建筑现执行65%的 GB 50189—2015《公共建筑节能设计标准》；个别省份（如北京、天津、河北、山东等）已编制完成并实施或正在修订居民建筑、公共建筑节能75%的地方标准。

既有建筑的节能改造和新建建筑的节能系统工程这两个建筑节能市场的主要需求点均需求旺盛，因此建筑节能潜力依然巨大。

3.2　主要节能措施

2018 年我国建筑领域节能效果明显，所采取的主要节能措施包括以下几个方面：

(1) 清洁取暖工作的大力实施。

我国北方区域冬季采暖采取集中供热及分散供热的方式，南方采取分散性取暖。过去，我国的集中供暖主要依靠燃烧煤炭。供热行业的发展区域主要集中在北方传统采暖地区，主要是严寒地区和寒冷地区，包括黑龙江、吉林、辽宁、新疆、青海、甘肃、宁夏、内蒙古、河北、山西、北京、天津和陕西北部、山东北部、河南北部等。2016 年 12 月 21 日，习近平总书记在中央财经领导小组第十四次会议指出"推进北方地区冬季清洁取暖，是能源生产和消费革命、农村生活方式革命的重要内容"。2017 年 12 月国家发展改革委等 10 部委印发了《北方地区冬季清洁取暖规划（2017－2021 年)》（发改能源〔2017〕2100号)，明确推进清洁供暖等问题。

自清洁取暖规划发布以来，各地积极落实清洁取暖工作，其中电采暖和气采暖是主推的采暖方式，但无论哪种清洁供暖方式的发展较大程度上都要依赖于建筑业的能效提升。目前城镇新建居住建筑均满足国家现行 JGJ 26－2010《严寒和寒冷地区居住建筑节能设计标准》要求。部分地市执行建筑节能 75％标准，即与国家建筑节能 65％标准相比，建筑能效水平提高 30％以上。从往年推广情况看，农村住房普遍保温性差，热工效率低，导致采暖过程中热量损耗较大，不利于节约能源和降低供暖成本。据测算，70m^2 左右农村住宅，实施建筑节能改造后，采暖季满负荷运行日均耗电 80kW·h 左右，而非保温建筑日均耗电将达到 100kW·h 以上。从平均耗热量来看，节能型住宅平均耗热量约为34W/m^2，非节能型住宅平均耗热量约为 51.5W/ m^2，平房住宅平均耗热量约为 108.2W/ m^2，非节能型住宅平均耗热量约为节能型住宅的 1.5 倍，而平房平均耗热量约为节能型住宅的 3.2 倍；从达到的室温水平来看，节能型住宅平均室温可达 22.6℃，非节能型住宅平均室温约为 21.1℃，平房房屋平均室温仅为 17.9℃。整体来看，非节能型建筑保温性能差、热耗高且室内温度不达标。因此，通过加强老旧建筑围护结构的保温性能，提升建筑物气密性改造成本约 60～100 元/ m²，可节省 30% 左右的能耗。若非节能建筑达到国家 65% 的建筑节能标准，平均建筑耗热量指标将大幅下降，采暖运行成本可降低 35%～60%，大幅提升经济性水平。在实际清洁取暖落实中，个别地区未能统筹考虑房屋保温措施，导致实际采暖效果欠佳。建筑节能在清洁取暖工作中极其重要，在推行清洁取暖工作中需首先推进居民住宅节能，对老旧建筑进行节能改造，对清洁取暖的发展起到极大的促进作用。

清洁取暖规划中提到的建筑节能目标：2017－2021 年，北方城镇新建建筑全面执行国家建筑节能强制性标准，京津冀及周边地区等重点区域新建居住建筑执行 75% 建筑节能强制性标准；实施既有建筑节能改造面积 5 亿 m²，其中，城镇既有居住建筑节能改造 4 亿 m²，公共建筑节能改造 5000 万 m²，农村农房节能改造 5000 万 m²。要求大力推行集中供暖地区居住和公共建筑供热计量。新建住宅在配套建设供热设施时，必须全部安装供热分户计量和温控装置，既有住宅要逐步实施供热分户计量改造。配套制定计量计费标准。不断提高居民分户计量、节约能源的意识，建立健全用热监测体系，实现用户行为节能。

各地对于建筑节能改造补贴投入较为积极，给予了建筑节能补贴，补贴主要可分为住房按户补贴和锅炉改造按蒸吨补贴。北京市新建住房节能项目补贴 2 万元/户，既有住房 1 万元/户。新疆部分地区提供 80 元/ m² 外墙保温建设费用补贴。

国家发展改革委网站印发了《2019 年新型城镇化建设重点任务》明确了 2019 年新型城镇化工作的重点任务，并在加强城市基础设施建设工作内容中指出，督促北方地区加快推进清洁供暖。因此建筑节能改造依然是未来的推行清洁取暖的主要工作之一。表1-3-2为基于清洁取暖评估工作，总结提炼的北方十五省建筑能效提升情况。

表1-3-2　　　　　　　　　　　北方十五省建筑能效提升情况

省份	建筑能效提升情况
北京	北京市于2013年1月1日起开始全面执行DB 11/891—2012《居住建筑节能设计标准》，是北方城镇最早执行居住建筑节能75%标准的地区。仅2017—2018年间，北京市累计新增节能民用建筑就达6129万 m^2。《北京市推动超低能耗建筑发展行动计划》于2016年发布，累计建成超低能耗建筑示范面积超过47万 m^2。截至2019年5月，北京市新建建筑设计阶段和施工阶段执行节能强制性标准比例均已达到100%。在居住建筑方面，北京市于2012年印发《老旧小区综合整治工作实施意见》（京政发〔2012〕3号），将节能改造与抗震加固、环境整治、设备改造等相结合，优先对1990年以前建成、尚未完成抗震节能改造的小区以及1990年以后建成、住宅楼房性能或节能效果未达到民用建筑节能标准50%的小区进行改造。在此基础上，北京市于2018年印发《老旧小区综合整治工作方案（2018—2020年）》（京政办发〔2018〕6号），进一步推进老旧小区"六治七补三规范"，并将加装电梯、配建养老和社会活动中心等内容纳入改造范围。2017—2018年间，已累计开展老旧小区综合整治试点达110个。截至2018年底，北京市城镇地区既有节能居住建筑比例已超过92.9%。在公共建筑方面，北京市于2016年印发《北京市公共建筑能效提升行动计划（2016—2018年）》（京建发〔2016〕325号），积极推进公共建筑节能绿色化改造，改造后平均节能率不低于15%，大型公共建筑节能率不低于20%。2017—2018年间，已累计完成公共建筑节能改造超过161万 m^2。在农村农房方面，北京市将建筑能效提升与热源清洁替代相结合，系统推进农村地区清洁取暖
天津	2013年以来，DB 29-1—2013《天津市居住建筑节能设计标准》和DB 29-153—2014《天津市公共建筑节能设计标准》先后实施，与国家节能标准相比，天津市城镇新建居住建筑和新建公共建筑节能率均率先达到75%和65%。积极推动超低能耗建筑发展，于2018年发布《关于加快推进被动式超低能耗建筑发展的实施意见》。截至2018年底，天津市新建建筑设计阶段和施工阶段执行节能强制性标准比例均已达到100%。2017年以来，天津先后实施城镇既有居住建筑、城镇既有公共建筑和农村农房节能改造221万、203万 m^2 和62.7万 m^2，累计改造规模分别达到6954万、609万 m^2 和62.7万 m^2。与非节能建筑相比，改造后城镇既有居住建筑和城镇既有公共建筑节能率可提高40%和15%以上，建筑取暖能源利用可节约30%。截至2018年底，天津市已基本完成有改造价值城镇居住建筑的节能改造，预计到2021年底，还将新增城镇公共建筑改造291万 m^2、农村农房改造41万 m^2

省份	建筑能效提升情况
辽宁	2017年，辽宁省节能建筑面积4.095亿 m²，占总供暖面积的24.83%。截至2018年末，节能建筑面积4.271亿 m²，占总供暖面积的25.28%，较2017年节能建筑增加0.176亿 m²，百分比增加0.48%。累计建设绿色建筑面积3937.89万 m²，较2017年增加面积2155.56万 m²，占新建建筑比例41%。新建民用建筑按照建筑节能强制性标准设计和建造，新建居住建筑和公共建筑均执行辽宁省建筑节能65%设计标准，设计阶段执行建筑节能设计标准比例达到100%。2018年11月28日，《辽宁省绿色建筑条例》经省十三届人大常委会第七次会议审议通过，于2019年2月1日起正式实施
甘肃	甘肃省地方标准《严寒和寒冷地区居住建筑节能（75%）设计标准》，已于2018年12月1日起执行，该标准节能要求高于现行国家标准《严寒和寒冷地区居住建筑节能设计标准》。2017年，实施既有居住建筑节能改造面积110万 m²；2018年，实施既有居住建筑节能改造面积304万 m²。根据住房城乡建设部年度建筑节能统计表格有关要求进行统计，2018年城镇既有节能居住建筑占比为73%
河北	2018年，城镇新增节能建筑5440.39万 m²，累计城镇节能建筑达6.367亿 m²，占全省城镇民用建筑总面积的49.03%，完成48%的年度目标任务。自2017年5月1日起，城镇新建居住建筑全面执行75%节能标准，高于国家65%的居住建筑节能标准，与京津两市保持同步水平和协同发展。到2018年底，累计建设超低能耗建筑213.42万 m²。《河北省被动式超低能耗公共建筑节能设计标准》于2018年9月1日起施行。2018年，绿色建筑占比达到57.84%，提前2年完成"十三五"规划目标任务。截至2017年底，累计完成既有居住建筑供热计量及节能改造9874.77万 m²，占具备改造价值老旧住宅总量11 676.85万 m²的84.56%，实现了国家要求的"截至2017年底，京津冀及周边地区80%的具备改造价值既有建筑完成节能改造"的目标。2018年，保定、廊坊、石家庄、唐山、张家口、衡水、沧州、邢台、邯郸9个北方地区冬季清洁取暖试点城市，继续对具有改造价值的既改项目存量进行改造
河南	2017—2018年，两年实施既有农房改造面积约493万 m²，实施城镇既有建筑节能改造面积约11 750万 m²。城区、县城及城乡结合部新建建筑全面实行居住建筑65%＋和公共建筑65%节能设计标准，农村地区按照GB/T 50824《农村居住建筑节能设计标准》及《绿色农房建设导则》（试行）等进行设计和建造；7个通道城市和2个汾渭平原城市率先实施高于国家标准要求的《河南省居住建筑节能设计标准（寒冷地区75%）》地方标准，开展超低能耗建筑、近零能耗建筑建设示范
宁夏	截至2018年，新建建筑65%节能标准执行率达到100%，城镇既有节能建筑14 882万 m²。累计完成建筑节能改造约2350万 m²，改造后的既有建筑节能水平大幅提升，采暖环境改善明显，促进了全区既有建筑整体节能水平提高

省份	建筑能效提升情况
山西	自 2013 年起，新建居住建筑、公共建筑、节能改造的既有建筑全面执行了节能 65％的 DBJ 04－242－2012《居住建筑节能设计标准》、DBJ 04－241－2013《公共建筑节能设计标准》、DBJ 04-243－2013《既有采暖居住建筑节能改造设计》。标准全面实施，并制定了《关于严格执行新建建筑规划阶段节能审查制度的通知》《关于实行建筑节能设计备案登记制度的通知》《民用建筑节能专项验收管理办法》《关于民用建筑节能在施工、销售阶段试行公示的通知》等涵盖建筑节能工程全过程的闭合监管体系，强制推进新建建筑节能标准。截至 2018 年底，累计完成节能改造建筑面积约 4500 万 m²（含只改造了外围护结构项目），占具备改造价值建筑面积的 45％左右。城镇既有节能建筑占城镇建筑面积比例约 30％以上
山东	在 JD 14－011－2008《山东省既有居住建筑供热计量及节能改造技术导则（试行）》规定基础上，提高节能标准，按照节能 65％设计标准实施外围护结构节能改造。新建居住建筑均满足国家现行 JGJ 26－2010《严寒和寒冷地区居住建筑节能设计标准》要求，部分地市执行建筑节能 75％标准，即与国家建筑节能 65％标准相比，建筑能效水平提高 30％以上
新疆	县级以上城市新建公共建筑和居住建筑已全面执行节能 65％强制性标准，节能标准设计阶段和施工阶段执行率均达到 100％。乌鲁木齐市、克拉玛依市、昌吉州、巴州库尔勒市、阿克苏地区在新建居住建筑中全面执行了 75％建筑节能设计标准，提前迈入国家第四步建筑节能阶段。从 2019 年 8 月 1 日起，在全疆县及以上城市新建居住建筑将全面执行 75％节能标准，积极开展超低能耗、被动式建筑试点示范工作，进一步提升我区建筑能效水平。截至 2018 年完成既有建筑节能改造面积 4430 万 m²
陕西	宝鸡市：新建建筑严格执行建成时期国家和陕西省最新建筑节能标准，达到 65％建筑节能标准。 铜川市：利用市级新型墙体材料专项基金结余资金支持开展既有建筑节能改造工作。 渭南市：城镇建筑全部执行节能 65％标准。节能强制性标准的设计率达到 100％，施工执行率市区达到 99％。 西安市：优先对相对集中并已经实现集中供热的小区进行维护结构节能改造，重点针对建筑外墙、屋面等部位进行保温改造，提高建筑物的整体保温隔热效果。针对城镇地区的公共建筑，不仅进行外围护结构保温改造，还采用了供热计量、供热管网热平衡、分时控制、能耗动态监测等多项改造措施。 咸阳市：执行《关于开展冬季清洁取暖试点城市建筑能效提升工作的通知》的要求，城区新建居住建筑执行节能标准水平较现行国家标准水平再提高 30％，新建公共建筑严格执行节能 65％标准，农村建筑按照 GB/T 50824《农村居住建筑节能设计标准》进行建设和改造。 杨凌示范区：目前，城镇既有居住建筑总面积约 1142.5 万 m²，居住节能建筑总面积约 1016.88 万 m²，实施既有建筑节能改造总面积 1.9 万 m²，城镇地区既有节能居住建筑面积占比 89％

省份	建筑能效提升情况
青海	自 2010 年起，到 2018 年底完成建筑节能改造 1543 万 m^2。通过实施建筑节能改造工程，冬季室内温度平均提高 4℃，室外噪声干扰和粉尘污染大幅降低
吉林	执行居住建筑节能 65%、公共建筑节能 50% 设计标准，县级城市从 2010 年开始执行。自 2016 年 4 月起，吉林省公共建筑节能标准提升至节能 65%。目前，新建民用建筑全面执行建筑节能 65% 标准，设计阶段和施工阶段节能标准执行率均达到 100%。已全部完成具备改造价值的既有居住建筑供热计量及节能改造，累计改造 1.78 亿 m^2。截至 2018 年底，城区节能建筑面积 59 620 万 m^2
黑龙江	城镇新建建筑全面执行国家 65% 建筑节能强制性标准，提高建筑门窗等关键部位节能性能要求。鼓励农房按照节能标准建设和改造，提升围护结构保温性能
内蒙古	新建建筑严格执行建筑节能强制标准，积极推广热计量表安装使用；持续推进既有居住建筑节能改造，截至 2018 年底，城镇累计实施既有居住建筑节能改造面积 9135 万 m^2

（2）积极推广绿色建筑。

绿色建筑就是在建筑的全寿命周期内，最大限度地节约资源（节能、节地、节水、节材）、保护环境和减少污染，为人们提供健康、适用和高效的使用空间，与自然和谐共生的建筑。2017 年发布的"十三五"的发展目标，把 2020 年城镇绿色建筑占新建建筑比重提高至 50%，并且规定每年以 30% 的速度增加。2018 年新增绿色建筑 10.6 亿 m^2。

截至 2018 年底，全国城镇建设绿色建筑面积累计超过 30 亿 m^2。2018 年新建绿色建筑占城镇新建民用建筑比例超过 50%，获得绿色建筑评价标识的项目达到一万个。一批示范项目和标杆项目，为绿色发展树立了标杆。

我国积极建立健全绿色建筑政策和绿色建筑标准，目前，绿色校园、绿色生态城区、绿色工业建筑、绿色办公建筑、绿色医院建筑等均发布了国家或行业评价标准。全国 20 余省市也出台了地方性绿色建筑评价标准。同时，《民用建筑绿色设计规范》《建筑工程绿色施工规范》《绿色建筑运行维护规范》《既有建筑绿色改造评价标准》等标准规范的制定，涵盖了建筑设计、施工、运行、改造不同阶段，为绿色建筑的发展提供了技术支撑。2019 年的绿色建筑标准开始实施，与前期标准对比见表 1-3-3。

表 1-3-3 绿色建筑新旧标准对比

标 准	变 更 内 容
GB/T 50378—2006《绿色建筑评价标准》	建设部于 2006 年 3 月 7 日发布公告，批准《绿色建筑评价标准》为国家标准，编号为 GB/T 50378—2006，自 2006 年 6 月 1 日起实施
GB/T 50378—2014《绿色建筑评价标准》	住房和城乡建设部于 2014 年 4 月 15 日发布公告，批准《绿色建筑评价标准》为国家标准，编号为 GB/T 50378—2014，自 2015 年 1 月 1 日起实施。原 GB/T 50378—2006《绿色建筑评价标准》同时废止。①标准适用范围扩展至各类民用建筑。将标准适用范围由住宅建筑和公共建筑中的办公建筑、商场建筑和旅馆建筑，扩展至各类民用建筑。②将评价分为设计评价和运行评价。③增加"施工管理"类评价指标。绿色建筑评价指标体系在节地与室外环境、节能与能源利用、节水与水资源利用、节材与材料资源利用、室内环境质量和运行管理六类指标的基础上，增加"施工管理"类评价指标。④调整评价方法。对各评价指标评分，并以总得分率确定绿色建筑等级。相应地，将旧版标准中的一般项改为评分项，取消优选项。⑤增设加分项，鼓励绿色建筑技术、管理的创新和提高。⑥明确单体多功能综合性建筑的评价方式与等级确定方法。⑦修改部分评价条文，并为所有评分项和加分项条文分配评价分值
GB/T 50378—2019《绿色建筑评价标准》	住房和城乡建设部于 2019 年 3 月 13 日发布公告，批准《绿色建筑评价标准》为国家标准，编号为 GB/T 50378—2019，自 2019 年 8 月 1 日起实施。原 GB/T 50378—2014《绿色建筑评价标准》同时废止。①重新定义"绿色建筑"：在全寿命期内、节约资源、保护环境、减少污染，为人们提供健康、适用、高效的使用空间，最大限度地实现人与自然和谐共生的高质量建筑。②评价体系围绕"业主感知"制定。2014 版由节地与室外环境、节能与能源利用、节水与水资源利用、节材与材料资源利用、室内环境质量、施工管理、运营管理、提高与创新，8 个章节内容组成。2019 版由安全耐久、健康舒适、生活便利、资源节约、环境宜居、提高与创新，6 个章节内容组成。③最后评价阶段提前。由 2014 版的"设计评价"和"运行评价"（投用 1 年后）调整为 2019 版的"预评价"和"评价"（竣备后）。④评价等级增加基础级。2019 版为"基础级""一星级""二星级""三星级"。⑤各评价等级分数提高。2019 版：基本级：控制项全部满足；一星级：控制项全部满足、各类指标评分项得分不应小于其总分值的 30%、总得分≥60 分；二星级：控制项全部满足、各类指标评分项得分不应小于其总分值的 30%、总得分≥70 分；三星级：控制项全部满足、各类指标评分项得分不应小于其总分值的 30%、总得分≥85 分。⑥条文数量减少。2014 版 140 条条文，19 版减少到 112 条。⑦计分方式简化。2014 版各条文分为得分、不得分、不参评项，而 2019 版标准改为各条文分为得分、不得分。⑧新增评价内容。增加"全装修"等基本要求、部分 2014 版评分项变为控制项、部分 2014 版地标评分项技术要求提高、新增"安全设计"技术内容、增加"建筑产业化"评价内容、增加"智慧建筑"评价内容、增加"健康建筑"评价内容、增加"绿色金融"评价内容

(3) 开展既有建筑改造。

城市化进程快速发展，而资源储量有限，因此"大拆大建、用后即弃"的粗放型建设方式和"拉链式"缝缝补补的改造方式，已不能适应新时代"高质量、绿色发展"战略需求。推进既有建筑改造是城镇化与城市发展领域的重要发展方向。为此，国家发布了一系列政策。既有建筑改造政策见表 1-3-4。

表 1-3-4　　　　　　　　　　　　　既有建筑改造政策

时　间	名　称	内　容
2014 年 3 月	《国家新型城镇化规划（2014 — 2020 年)》	按照改造更新与保护修复并重的要求，健全旧城改造机制，优化提升旧城功能。有序推进旧住宅小区综合整治、危旧住房和非成套住房改造，全面改善人居环境
2015 年 12 月	中央城市工作会议	有序推进老旧住宅小区综合整治；推进城市绿色发展，提高建筑标准和工程质量
2016 年 2 月	《关于进一步加强城市规划建设管理工作的若干意见》	有序实施城市修补和有机更新，解决老城区环境品质下降、空间秩序混乱、历史文化遗产损毁等问题，促进建筑物、街道立面、天际线、色彩和环境更加协调、优美
2017 年 3 月	《关于印发建筑节能与绿色建筑发展"十三五"规划的通知》	持续推进既有居住建筑节能改造。积极探索以老旧小区建筑节能改造为重点，多层建筑加装电梯等适老设施改造、环境综合整治等同步实施的综合改造模式。鼓励有条件地区开展学校、医院节能及绿色化改造试点
2018 年 9 月	《关于进一步做好城市既有建筑保留利用和更新改造工作的通知》	高度重视城市既有建筑保留利用和更新改造，提出要求建立健全城市既有建筑保留利用和更新改造工作机制、构建全社会共同重视既有建筑保留利用与更新改造的氛围
2019 年 3 月	政府工作报告	2019 年政府工作任务之一即"提高新型城镇化质量"，推进城镇棚户区改造，大力进行老旧小区改造提升

时　间	名　称	内　容
2019 年6 月	国务院常务会议	部署推进城镇老旧小区改造，顺应群众期盼改善居住条件呼声，包括明确改造标准和对象范围，开展试点探索，为进一步全面推进积累经验，重点改造小区水、电、气路及光纤等配套设施，有条件的可加装电梯，配建停车设施，在小区改造基础上，引导发展社区养老、托幼、医疗、助餐、保洁等服务
2019 年7 月	国务院政策例行吹风会	城镇老旧小区改造工作是一件立足当下、利在长远的重大民生发展工程。 　　需要改造的城镇老旧小区有 17 万个； 　　摸清城镇老旧小区的类型、居民改造愿望等需求，明确城镇老旧小区改造的标准和对象范围； 　　在城镇老旧小区改造中积极开展"美好环境与幸福生活共同缔造"活动，加强政府引导和统筹协调，动员群众广泛参与； 　　积极创新城镇老旧小区改造投融资机制； 　　在城镇老旧小区改造基础上，顺应群众意愿，积极发展社区养老、托幼、医疗、助餐、保洁等服务； 　　推动建立小区后续长效管理机制

2018 年我国完成既有建筑节能改造 0.44 亿 m^2。城镇老旧小区改造是既有建筑改造重要的组成部分。城镇老旧小区改造涉及面广，是一项较大的系统工程。住房和城乡建设部积极推进城镇老旧小区改造工作。2017 年底，厦门、广州等 15 个城市启动了城镇老旧小区改造试点，截至 2018 年 12 月，试点城市共改造老旧小区 106 个，惠及 5.9 万户居民，形成了一批可复制可推广的经验。这些试点城市的实践证明，城镇老旧小区改造花钱不多，惠及面广，不仅帮助居民改善了基本居住条件，切实增强了人民群众的幸福感、获得感、安全感，也是扩大投资、激发内需的重要举措。目前主要采取的行动有：摸排全国城镇老旧小区基本情况，提出当地城镇老旧小区改造的内容和标准，按照"业主主体、社区主导、政府引领、各方支持"的方式统筹推进，采取"居民出一点、

社会支持一点、财政补助一点"等多渠道筹集改造资金。

（4）推广被动式超低能耗建筑。

2017 年 2 月，住建部出台的《建筑节能与绿色建筑发展"十三五"规划》中提出：积极开展超低能耗建筑、近零能耗建筑建设示范，引领标准提升进程，在具备条件的园区、街区推动超低能耗建筑集中连片建设，到 2020 年，建设超低能耗、近零能耗建筑示范项目 1000 万 m² 以上。伴随国家政策出台，山东、河北、河南、北京等省（市）针对超低能耗建筑示范推广的政策也不断出台，纷纷提出相应的发展目标，并给予财政补贴、非计容面积奖励、备案价上浮、税费和配套费用减免、科技扶持、绿色信贷等方面的政策优惠。2018 年可以说是被动式低能耗建筑发展的爆发年份，其中河北省石家庄和保定出台的被动房政策被誉为奖励最丰富的，是中国建筑行业政府部门对低能耗建筑发展最强支撑之一。山东省作为北方经济发展的强省，在被动式低能耗建筑的实践一直处于领先地位，具体见表 1-3-5。

表 1-3-5　　　　各地出台的超低能耗建筑政策一览表

地 区	标 准	主要内容及执行情况
宁夏	《宁夏回族自治区绿色建筑示范项目资金管理暂行办法》	被动式超低能耗绿色建筑示范项目。当年可开工建设的被动式超低能耗绿色建筑，其中居住建筑面积不小于 3000m²，公共建筑面积不小于 10 000m²；项目依法取得投资主管部门核准，用地、规划等许可文件，有可靠的资金来源
河北　石家庄	《石家庄市人民政府关于加快推进被动式超低能耗建筑发展的实施意见》	到 2020 年，全市累计开工建设被动房不低于 100 万 m²；桥西区、裕华区、新华区、长安区、高新区、正定县（含新区）累计开工建设被动房各不低于 10 万 m²；鹿泉区、栾城区、藁城区累计开工建设被动房各不低于 5 万 m²；其他各县（市）新开工建设被动房各不低于 1 万 m²。 执行情况：2018 年河北省各地均完成城镇新建绿色建筑占新建建筑面积比例 40% 的年度任务；绿色建筑占比达 57.84%，提前两年完成"十三五"规划目标任务。累计建设超低能耗建筑 213.42 万 m²，其中竣工 27.52 万 m²，在建和竣工项目面积均居全国首位。全省年内竣工 75%，节能居住建筑 4080.29 万 m²

续表

地 区	标 准	主要内容及执行情况
河北	石家庄	《石家庄 2018 年全市建筑节能、绿色建筑与装配式建筑工作方案》	全市全面启动被动房试点工作，全年开工建设被动式超低能耗建筑不低于 35 万 m²。对出让或划拨地块在 100 亩（含）以上或总建筑面积在 20 万 m²（含）以上的项目，在规划条件中明确必须建设一栋以上被动房，开工建设被动房面积不低于总建筑面积的 10%
	衡水	《衡水市住房和城乡建设局关于加快推进被动式超低能耗建筑发展的实施意见（试行）》	2018 年，全市全面启动被动房试点工作。到 2020 年，全市累计开工建设被动房不低于 5 万 m²；冀州区累计开工建设被动房不低于 1 万 m²
	保定	《保定市人民政府关于推进被动式超低能耗绿色建筑发展的实施意见》	一是给予用地支持；二是明确非计容面积；三是创新举措、优化办事流程；四是争取财政资金支持；五是鼓励未开工项目改建超低能耗建筑；六是鼓励农村建设超低能耗建筑；七是鼓励开展装配式超低能耗建筑高品质绿色示范项目
	张家口	《张家口市装配式建筑和被动式超低能耗项目建筑面积及财政奖励实施细则》	实施被动式超低能耗建筑的奖励建筑面积不得超过符合被动式超低能耗建筑相关技术要求的地上总建筑面积的 3%。在办理规划审批时，奖励建筑面积不计入项目的容积率；各级财政奖励资金支持重点是本地区建设的装配式或被动式超低能耗项目，奖励资金标准为 100 元/m²，单个项目最高不超过 300 万元。补助期限暂定为 5 年（2017—2021 年）
	承德	《承德市人民政府关于加快推进建筑产业现代化的实施意见》	2019 年全面启动被动式超低能耗建筑试点工作。到 2025 年，全市累计开工建设被动房不低于 20 万 m²
	雄安新区	《河北雄安新区规划纲要》	要坚持绿色发展，采用先进技术布局建设污水和垃圾处理系统，提高绿色交通和公共交通出行比例，推广超低能耗建筑，优化能源消费结构
	所有地区	《河北省促进绿色建筑发展条例》	绿色建筑专项规划应当确定新建民用建筑的绿色建筑等级及布局要求，包括发展目标、重点发展区域、装配式建筑、超低能耗建筑要求和既有民用建筑绿色改造等内容，明确装配式建筑、超低能耗建筑和绿色建材应用的比例
		《河北省被动式超低能耗居住建筑节能设计标准》	由河北省建筑科学研究院主编的河北省《被动式超低能耗居住建筑节能设计标准》[编号为 DB13（J）/T 273—2018]于 2018 年 9 月 25 日发布，自 2019 年 1 月 1 日起实施

续表

地 区		标 准	主要内容及执行情况
山东	青岛所有地区	《青岛市推进超低能耗建筑发展的实施意见》	超低能耗建筑示范项目，由市财政给予 200 元/m² 的补贴，单个项目不超过 300 万元。政府投资项目，超低能耗建设成本可按程序计入项目总投资
		《山东省超低能耗建筑施工技术导则》	由山东省建筑科学研究院牵头组织编制，批准为山东省建设科技成果推广项目技术导则，编号为 JD 14‐041－2018，自 2018 年 10 月 1 日起施行
河南	郑州	《郑州市关于发展超低能耗建筑的实施意见》	2020 年底前，对社会投资的超低能耗建筑项目给予一定的财政资金奖励，其中被认定为 2018 年度的示范项目，资金奖励标准为 500 元/m²，且单个项目不超过 1500 万元；被认定为 2019 年度的示范项目，资金奖励标准为 400 元/m²，且单个项目不超过 1200 万元；被认定为 2020 年度的示范项目，资金奖励标准为 300 元/m²，且单个项目不超过 1000 万元
	焦作	《焦作市冬季清洁取暖财政专项资金管理暂行办法》	被动式超低能耗建筑试点工程项目，补助标准为 1000 元/m²，补助金额最高不超过 2000 万元
北京		《北京市超低能耗示范项目技术导则》	主要内容包括：总则、术语、基本规定、技术措施、施工、专项验收和附录。该导则适用于北京市城镇新建的超低能耗居住建筑和办公、酒店等公共建筑示范项目，改建或扩建超低能耗建筑可参照执行
青海		《青海被动式低能耗建筑技术导则》	2018 年 7 月 30 日，青海省住房和城乡建设厅、青海省质量技术监督局发布《被动式低能耗建筑技术导则（居住建筑）DB63/T 1682－2018》，并于 2018 年 9 月 10 日实施
黑龙江		《黑龙江被动式低能耗居住建筑节能设计标准（征求意见稿）》	经黑龙江省住房和城乡建设厅立项，住房和城乡建设部科技与产业化发展中心等单位组织编制的《被动式低能耗居住建筑节能设计标准》已形成征求意见稿
天津		《天津关于加快推进被动式超低能耗建筑发展的实施意见》	到 2020 年底，全市累计开工建设被动式超低能耗建筑不低于 30 万 m²，形成系统的被动式超低能耗建筑政策、标准体系，打造一批被动式超低能耗建筑示范项目。实现被动式超低能耗建筑向标准化、规模化、系列化方向发展

（5）健康建筑进一步推广。

2000 年在荷兰举行的健康建筑国际年会上，健康建筑得到了较为明确的定义：一种体现在住宅室内和住区的居住环境的方式，不仅包括物理测量值，如温度、通风换气效率、噪声、照度、空气品质等，还需包括主观性心理因素，如平面和空间布局、环境色调、私密保护、视野景观、材料选择等，另外加上工作满意度、人际关系等。

健康建筑是改善民生、促进行业发展、助力健康中国战略引领下的多项政策落地的重要载体，意义重大。从群众角度来看，当前环境社会问题的日益突出，使得健康建筑成为保障人们健康的迫切需求。从国家战略角度来看，健康建筑支撑"健康中国 2030"，支撑"建筑节能与绿色建筑发展'十三五'规划"，支撑绿色建筑的后续发展。

中国城市科学研究会、中国建筑科学研究院会同有关单位共同编制的 T/ASC 02—2016《健康建筑评价标准》中明确定义健康建筑为："在满足建筑功能的基础上，为人们提供更加健康的环境、设施和服务，促进人们身心健康、实现健康性能提升的建筑"。健康建筑评价遵循多学科融合性原则，对建筑的空气、水、舒适、健身、人文、服务等指标进行综合评价。

2016 年 12 月，《健康建筑评价管理办法（试行）》发布。2017 年 1 月，《健康建筑评价标准》经中国建筑学会标准化委员会批准发布实施，2 月《健康建筑标识管理办法（试行）》下发，并进行了第一批健康建筑评价工作，健康建筑标识评价实现了健康建筑理念的落地，标志着绿色建筑发展的新里程碑，我国健康建筑的发展开始启动。

截至 2018 年 6 月，我国已开展 6 批共 21 项健康建筑标识项目，其中：运行标识 2 项，设计标识 19 项；公共建筑 5 项，住宅建筑 16 项；二星级 14 项，三星级 7 项；总建筑面积 157.55 万 m^2。

（6）信息化技术的广泛应用。

数字化节能技术已经在建筑领域得到广泛应用。以清洁取暖为例，个别省份已经实施了"互联网＋供热"的城市智慧供热模式，建成智慧供热平台，实现了精准供热等目标。智慧供热平台以各种形式的热源、多种形式的热媒、流体输配管网、换热站、用热单元和储能设备为基础，将现代先进的物联网技术、移动互联网技术、智能控制技术和大数据分析回归技术等与热源、热网、用热单元高度集成，形成新型热网系统，可以实现系统可监测、可控制、可计量，以及系统自动化综合优化调节控制，进而达到系统安全、可靠、经济、高效和按需供热等目标。

河北省住房城乡建设厅印发了《关于推进城镇供热智能化建设的指导意见》《河北省供热监管信息平台建设实施方案》《河北省供热监管信息平台数据采集及接口技术导则》和《热用户室温远程监测技术要求》，提出了"智慧热网"建设的详细目标、具体内容和重点工作。

河北省供热监管信息平台于 2018 年建成，于 2018－2019 年度采暖季上线运行。平台以"大数据＋智能化＋动态调控"模式，应用智慧能源技术，将能源供应和环境治理相结合、集中与分散相结合，协调天然气、电能、风能、地热能、空气能等，形成了可靠先进的综合能源体系。目前该平台已经成为河北省供热行业管理的信息中心指挥和调度中心、供热安全保障中心、面向供热用户的智慧化服务中心。截至 2018 年底，河北省 70％以上市、县已不同程度地开展了供热监管信息平台建设工作，建立了企业智能化管理平台，在供热区域初步形成供热"一张热网，多个热源，供需协调，市场化运行"的结构，基本实现"稳定供热、均衡供热和舒适供热"。如邢台建设智慧热网节能监控平台，实现了远程监控、优化控制、内嵌"一键节能"大数据回归专家系统。从邢台平台能耗数据上看，在未实施节能技术方案之前，整网耗热量约为 $0.35 \sim 0.40 \mathrm{GJ}/(\mathrm{m}^2 \cdot \mathrm{a})$，实施后耗热量约为 $0.30 \sim 0.33 \mathrm{GJ}/(\mathrm{m}^2 \cdot \mathrm{a})$，节热能率约为 14.29％。如石家庄建立了供热监控平台，在主城区居民小区已安装 3 万个供热质量数据采集设施，其余 2 万个设备的安装工作预计将于 2019 年底完成，完工后，该平台将会提高供热调度、供热质量与能耗监测、应急处置等智能化水平，为及时有效处理冬季供热问题提供基本保障。

（7）可再生能源建筑应用。

截至 2018 年底，中国可再生能源装机容量合计 72 896 万 kW，比上年增长 11.7%，其中水电装机容量 35 226 万 kW，风电装机容量 18 426 万 kW，太阳能发电装机容量 17 463 万 kW，生物质发电装机容量 1781 万 kW。2018 年中国可再生能源发电量为 18 670 亿 kW·h。

伴随可再生能源的多元化开发利用，可再生能源在建筑领域得到了大力推广，尤其是太阳能利用得到了大幅推广。我国用于建筑的非水可再生能源利用情况见表 1-3-6。

表 1-3-6　　　　我国用于建筑的非水可再生能源利用情况

类　型	2012 年 标准煤量（万 tce）	2013 年 标准煤量（万 tce）	2014 年 标准煤量（万 tce）	2015 年 标准煤量（万 tce）	2016 年 标准煤量（万 tce）	2017 年 标准煤量（万 tce）	2018 年 标准煤量（万 tce）
农村沼气	1110	1130	1140	1197	1268	1311	1366
太阳能热水器	3070	3690	4810	5300	5564	6478	7519
光伏发电	50	60	70	80	103	126	149
地热采暖	220	610	860	1380	1998	3614	4361
地源热泵	750	830	900	1030	1200	1350	2166
总计	5200	6320	7780	8987	10 133	12 877	15 561

数据来源：国家统计局；国家能源局；农村农业部科技教育司；农村农业部规划设计研究院；住房和城乡建设部，中国农村能源行业协会太阳能热利用专业委员会；中国可再生能源协会；中国太阳能协会；自然资源部。

注　1. 生物质直接燃烧包括秸秆和薪柴。
　　2. 太阳能热水器提供的能源为 120kgce（m²/a），地热采暖和地源热泵提供的能源分别为 28kgce/（m²·采暖季）和 25kgce/（m²·采暖季）。
　　3. 发电量按当年火力发电煤耗折算标准煤。

3.3　节能效果

2018 年，全国新建建筑执行强制性节能设计标准形成年节能量约 1686 万 tce，既有建筑节能改造形成年节能能力约 190 万 tce，高效照明形成节能能力约 5798 万 tce。经测算，2018 年建筑领域实现节能量 7674 万 tce。2017—2018 年我国建筑节能情况见表 1 - 3 - 7。

表 1 - 3 - 7 　　　　　2017—2018 年我国建筑节能情况　　　　　万 tce

类　　别	2017 年	2018 年
新建建筑执行节能标准	1600	1686
既有建筑节能改造	160	190
照明节能	5075	5798
总　计	6835	7674

4

交通运输节能

本章要点

（1）**交通运输行业运输线路长度、客运（货运）周转量整体均呈现增长态势，但增速比上年下降**。2018年，铁路、公路、水运和民航里程分别比上年增长3.7%、1.5%、0.1%和12.0%。客运周转量比上年增长4.3%。其中，铁路、公路、水运和民航客运周转量分别比上年增长5.1%、-5.0%、2.4%和12.6%，增速分别比上年降低1.9、0.5、5.5、0.9个百分点；货运周转量比上年增长3.7%。其中，铁路、公路、水运和民航货运周转量分别比上年增长6.9%、6.7%、0.4%和7.8%，增速分别比上年降低6.4、2.6、0.9、1.6个百分点。

（2）**交通运输行业能源消费量快速增长**。2017年，交通运输行业能源消费量约为4.3亿tce，比上年增长5.9%，占全国终端能源消费量的10.0%。其中，汽油消费量8960万t，柴油消费量11 826万t。

（3）**交通运输行业节能力度进一步加大，节能成效显著**。2018年，交通运输行业进一步加大节能技术应用、优化运输结构、强化节能管理等措施力度，促进交通运输业能源利用效率进一步提高，公路、铁路、水运和民航单位换算周转量能耗分别比上年降低0.98%、5.1%、4.2%和17.7%。按2018年公路、铁路、水运、民航换算周转量计算，2018年，交通运输行业实现节能量1475万tce。

4.1 综述

4.1.1 行业运行

中国交通运输行业整体呈现出平稳增长态势。2018 年，铁路、公路、水运和民航等领域发展趋于平稳，运输线路长度呈现出不同增长态势。铁路、公路、水运和民航里程，分别比上年增长 3.7%、1.5%、0.1% 和 12.0%，增速分别比上年提高 1.3、−0.1、0.2、−5.9 个百分点。我国各种运输线路长度，见表 1-4-1。

表 1-4-1 我国各种运输线路长度 万 km

项　目	2010 年	2016 年	2017 年	2018 年
铁路营业里程	9.12	12.40	12.70	13.17
其中：电气化铁路	**3.27**	**8.03**	**8.66**	**9.22**
高速铁路	0.51	2.30	2.50	2.99
公路里程	**400.82**	**469.63**	**477.35**	**484.65**
其中：高速公路	7.41	13.10	13.65	14.26
内河航运里程	12.42	12.71	12.70	12.71
民用航空航线里程	276.51	634.81	748.3	837.98

数据来源：国家统计局，《中国统计年鉴 2019》《中国能源统计年鉴 2018》《2018 年国民经济和社会发展统计公报》。

2018 年，客运（货运）周转量均呈现增长态势。客运周转量整体比上年增长 4.3%。其中，铁路、公路、水运和民航客运周转量分别比上年增长 5.1%、−5.0%、2.4% 和 12.6%，增速分别比上年降低 1.9、0.5、5.5、0.9 个百分点；货运周转量整体比上年增长 3.7%。其中，铁路、公路、水运和民航货运周转量分别比上年增长 6.9%、6.7%、0.4% 和 7.8%，增速分别比上年降低

6.4、2.6、0.9、1.6 个百分点。我国交通运输量、周转量和交通工具拥有量，见表 1-4-2。

表 1-4-2 我国交通运输量、周转量和交通工具拥有量

项 目		2010 年	2016 年	2017 年	2018 年
运量	客运（亿人）	327.0	190.0	184.9	179.4
	铁路	16.8	28.1	30.8	33.7
	公路	305.3	154.3	145.7	136.7
	水运	2.2	2.7	2.8	2.8
	民航	2.7	4.9	5.5	6.1
	货运（亿 t）	324.18	438.7	480.5	515.3
	铁路	36.43	33.3	36.9	40.3
	公路	244.81	334.1	368.7	395.7
	水运	37.89	63.8	66.8	70.3
	民航	0.06	0.07	0.07	0.07
周转量	客运（亿人·km）	27 894	31 259	32 813	34 218
	铁路	8762	12 579	13 457	14 147
	公路	15 021	10 229	9765	9280
	水运	72	72	77.7	79.6
	民航	4039	8378	9513	10 712
	货运（亿 t·km）	141 837	186 629	197 373	204 686
	铁路	27 644	23 792	26 962	28 821
	公路	43 390	61 080	66 772	71 249
	水运	68 428	97 339	98 611	99 053
	民航	178.9	222.5	243.5	262.5
民用汽车拥有量（万辆）		7801.8	18 574.5	20 907	23 231

项 目	2010 年	2016 年	2017 年	2018 年
其中：私人载客车	4989.5	16 330.2	18 515	20 575
铁路机车拥有量（台）	19 431	21 453	21 420	21 482
民用机动船拥有量（万艘）	15.56	14.46	13.17	12.58
民用飞机期末拥有量（架）	2405	5046	5593	6134

数据来源：国家统计局，《中国统计年鉴 2019》《2018 年国民经济和社会发展统计公报》。

4.1.2 能源消费

随着近年来交通运输能力的持续增强和交通运输规模的不断扩大，交通运输行业能源消费量呈现快速增长态势，能耗主要以汽油、煤油、柴油、燃料油等油耗为主，电能消费比重相对较低。2017 年，交通运输领域能源消费量约为 4.3 亿 tce，比上年增长 5.9%，占全国终端能源消费量的 10.0%。汽油消费量 8960 万 t，柴油消费量 11 826 万 t。而发达国家交通运输能源消费量占终端能源消费量的比重约在 20%~40% 之间，因此，我国交通用能占全社会终端用能的比重仍将呈现上升态势。2017 年我国交通领域分品种能源消费量，见表 1-4-3。

表 1-4-3　　　　2017 年我国交通运输领域分品种能源消费量

品　种	2010 年		2016 年		2017 年	
	实物量	标准量	实物量	标准量	实物量	标准量
石油（万 t，万 tce）						
汽油	4476	6587	8451	12 435	8960	13 183
煤油	1601	2356	2815	4142	3173	4669
柴油	9313	13 570	11 716	17 071	11 826	17 231
燃料油	1327	1896	1511	2159	1771	2531
液化石油气	72	123	112	192	122	209

品　　种	2010 年		2016 年		2017 年	
	实物量	标准量	实物量	标准量	实物量	标准量
电（亿 kW·h，万 tce）	577	709	1251	1537	1418	1743
天然气（亿 m³，万 tce）	107	1402	255	3340	285	3730
总计（万 tce）		26 642		40 876		43 296

数据来源：国家统计局；国家发展改革委；国家铁路局；中国电力企业联合会；中国汽车工业协会；中国汽车技术研究中心；中国石油经济技术研究院；《国际石油经济》。

注 1t 液化天然气＝725m³ 天然气，1t 压缩天然气＝1400m³ 天然气，1t 液化石油气＝800m³ 天然气；汽油、柴油消费量涵盖生活用能中的私家轿车、私家货车等用能。

4.2　主要节能措施

交通运输是全社会节能的重点领域，我国交通运输部门不断加大节能减排的实施力度，从政策激励、专项行动、低碳体系及试点建设、示范项目、技术创新及应用等方面采取了积极措施，技术、管理、结构节能方面均取得了一定成效，但近年来，我国交通运输能耗降幅收窄，节能减排潜力需进一步挖掘。

2018 年 9 月，国务院办公厅印发了《推进运输结构调整三年行动计划（2018—2020 年）》，要求以深化交通运输供给侧结构性改革为主线，以京津冀及周边地区、长三角地区、汾渭平原等区域为主战场，以推进大宗货物运输"公转铁、公转水"为主攻方向，通过三年集中攻坚，实现全国铁路货运量较 2017 年增加 11 亿 t、水路货运量较 2017 年增加 5 亿 t、沿海港口大宗货物公路运输量减少 4.4 亿 t 的目标。到 2020 年，全国货物运输结构明显优化，铁路、水路承担的大宗货物运输量显著提高，将京津冀及周边地区打造成为全国运输结构调整示范区。这意味着交通运输行业结构节能潜力将得到进一步挖掘。详细指标见表 1-4-4。

表 1 - 4 - 4 　　　　推进运输结构调整三年行动计划总体工作目标

运输方式		目标（与 2017 年相比）	属　性
全国铁路货运量	京津冀及周边	增长 40%	预期性
	长三角地区	增长 10%	预期性
	汾渭平原	增长 25%	预期性
	总体	增长 30%	预期性
全国水路货运量		增长 7.5%	预期性
沿海港口大宗货物公路运输量		减少 4.4 亿 t	预期性
全国多式联运货运量		年均增长 20%	预期性
重点港口集装箱铁水联运量		年均增长 10% 以上	预期性

交通运输系统涵盖了公路、铁路、水运、航空等多种运输方式，且各运输方式又拥有多种类型的交通工具，在燃油类型、能耗等方面存在较大差异。因此，每种运输方式在结合整个交通领域节能减排路径及措施的情况下，根据自身用能种类、用能结构及用能特征的不同，均可以采取有针对性的节能减排措施。

4.2.1　公路运输

（1）推广节能和新能源汽车。

提升机动车燃料效率。2019 年 1 月，工业和信息化部发布强制性国家标准《乘用车燃料消耗量限值》和《乘用车燃料消耗量评价方法及指标》（征求意见稿），旨在推动传统燃油汽车节能降耗，最终达到我国乘用车新车平均燃料消耗量水平在 2025 年下降至 4L/100km，对应二氧化碳排放约为 95g/ km 的国家总体节能目标。

大力推广新能源汽车。2018 年，新能源汽车产销分别完成 127 万辆和 125.6 万辆，比上年分别增长 59.9% 和 61.7%。其中纯电动汽车产销分别完成 98.6 万辆和 98.4 万辆，比上年分别增长 47.9% 和 50.8%；插电式混合动力汽车产销分别完成 28.3 万辆和 27.1 万辆，比上年分别增长 122％和 118％；燃料电池汽车产销均完成 1527 辆。未来几年新能源汽车在中国汽车市场份额仍将持续增加。

> **以实施"燃油消耗量及排放量动态监测与统计系统"的某运输企业为例**，该运输企业对 86 辆安装了燃油监测与统计系统的车辆统计，车辆平均日行驶里程 687.3km，安装前，平均油耗 23.92L/100km；安装后，平均油耗 23.02L/100km，比安装前下降 3.76％，单车日节约燃油约 6.2L。按车辆年运行 300 天计算，86 辆车每年可节省燃油 16 万 L，折合 200tce，减少碳排放约 500t。

（2）加强节能新技术的推广应用。

汽车轻量化技术。汽车轻量化是材料、设计和先进的加工制造技术的优势集成，是汽车性能提升、质量降低、结构优化、价格合理四方面相结合的一个系统工程。汽车质量每减轻 10％，油耗下降 6％～8％，排放量下降 4％。因此，汽车轻量化技术是有效降低油耗、减少排放的重要技术措施之一，已经成为世界汽车发展的大趋势。

机械发泡温拌沥青混合料技术。采用专用发泡设备将水喷入高温沥青中达到降低沥青黏度、降低拌和温度的目的，有效节能并减少有害气体排放，相比添加剂类温拌沥青，该技术无须添加剂，仅需沥青量 2％的水，高效节能、绿色环保。该技术主要适用于各等级公路的建设与养护过程。据测算[1]，该技术可实现节能量 5.6tce/km，减排二氧化碳 15.4t/km。

泡沫沥青冷再生技术。包括厂拌冷再生和就地冷再生技术，其中，厂拌冷再生技术是指将原有路面面层进行铣刨、破碎、筛分，根据需要加入一定量的结合剂和新集料充分拌和，将拌和后的混合料摊铺在道路基层上，进行碾压，使其符合沥青路面性能要求，该技术可作为各等级新建、大中修公路及城市道

---

[1]　交通运输行业重点节能低碳技术目录（2019 年度），交通运输部。

路的中下面层；就地冷再生技术是指在常温条件下，使用冷再生机械一次性完成对旧路面结构层（包括面层和部分基层）的铣刨、破碎，加入一定比例稳定剂、水、水泥并拌和，摊铺、碾压形成路面结构层。

以实施泡沫沥青冷再生技术的某交通公司为例，该公司将厂拌冷再生技术应用于各等级新建、大中修公路及城市道路的中下面层，将就地冷再生技术应用低等级公路中面层或高等级公路的下面层或基层，冷再生混合料 26.4 万 m^3，实现节能量 8000tce/a，二氧化碳减排 19 944t/a。

（3）开展公路管理节能。

开展公交轮胎全生命周期管理。在轮胎内植入 RFID 芯片，利用信息化手段对轮胎的购买、仓储、使用、翻新和报废全生命周期等进行智能化管理和调度，通过对轮胎使用数据的深入分析，优化轮胎使用条件，有效延长轮胎使用寿命，减少轮胎消耗。该技术主要应用于城市公交企业。据测算，1000 辆新能源汽车可实现节能量 409tce/a，减排二氧化碳 1063t/a。

开展节能驾驶操作培训。通过提高车辆运行能耗监测水平以及制定规范、总结经验、操作培训、树立典型等手段，培养驾驶员良好的节能驾驶习惯，达到降低油耗效果。该技术适用于所有道路运输企业。据测算，在培训驾驶员 2 万余人次的情况下，可实现节能量 24 190tce/a，减排二氧化碳 60 306t/a。

以某交运集团为例，该集团利用纯电动道路运输车辆退役的动力电池建立储能单元，通过电池管理系统对电池组进行均衡管理，使单体电池均衡充电、放电，保持动态平衡，在保障安全的前提下，充分发挥电池组的最大性能，达到最佳的工作状态。该集团利用 2MW·h 梯次电池储能系统实现节能量 644tce/a，二氧化碳减排 1885t/a。

　　取消省界收费站。2018 年 5 月，国务院常务会议部署了"推动取消高速公路省界收费站"的工作任务。12 月，交通运输部指导江苏、山东、四川和重庆先行先试，于 2018 年底率先取消了两组试点省份之间所有 15 个高速公路省界收费站，取得了良好效果。据统计❶，正常情况下，客车平均通过省界时间由原来的 15s 减少为 2s，下降了约 86.7％；货车平均通过省界时间由原来的 29s 减少为 3s，下降了 89.7％。由于车辆不再需要排队交费，省界交通拥堵现象彻底解决，节能成效显著。

> **ETC 不停车电子收费系统：**由于 ETC 车道实行不停车收费，1 条 ETC 收费车道的通行能力相当于 5 条人工收费车道，ETC 车道的平均通行时间为 3s/车次，在减少排队时间的同时，通行效率是 MTC 车道的 4～10 倍，这将使每车次的通行效率提高约 78.6％。据估算，目前在杭州部分主线收费站，高峰时段 ETC 交易量占比已超过 40％，每年可减少停车时间约 30 万 h，减少碳排放总量约 1500t，节约车辆燃油约 60 万 L，节能效果明显。

4.2.2　铁路运输

（1）构建节能型铁路运输结构。

　　提升电气化铁路比重。从不同牵引方式能耗比较数据来看，电力牵引的能耗水平约为内燃机车牵引的 0.67，因此，电气化铁路是构建节能铁路运输结构的重要措施，近年来在我国得到了快速发展。截至 2018 年底，全国电气化铁路营业里程达到 9.2 万 km，比上年增长 5.7％，电化率 70.0％，比上年提高 2.6％❷。其中，高铁营业里程达 2.1 万 km。电气化铁路的发展优化了铁路能

---

❶　年底前取消高速省界收费站，城市快报。

❷　铁道部，2018 年铁道统计公报。

耗结构，"以电代油"工程取得积极进展。

移动装备。截至 2018 年底，全国铁路机车拥有量为 2.1 万台。其中，内燃机车 0.81 万台，占 38.6%，比上年降低 3.2 个百分点；电力机车 1.29 万台，占 61.3%，比上年提高 3.2 个百分点。全国铁路客车拥有量为 7.2 万辆，比上年增长 0.1 万辆。其中，动车组 3256 标准组、26 048 辆，比上年增长 670 标准组、5360 辆。全国铁路货车拥有量为 83.0 万辆。

（2）加大节能技术的推广应用。

再生制动技术： 该技术可以把列车制动时产生的动能转化成电能，这些电能有的会被吸引到相应的储能装置技术中，有的会被集中反馈至牵引电网之中，进而实现了电能的二次应用。这种再生制动技术通常适用于列车停站数较多的运行模式，例如行程较长的城际轨道交通。这种运行模式的能源消耗总值最少可以降低 15%，最多则可以降低 30%，是非常有潜力的节能技术。

车辆轻量技术： 车辆的轻量化对于降低运行阻力中的机械阻力效果明显，并可降低坡道阻力。另外，因为加、减速时用较小的力即可获得所需的加、减速度，所以能减小车辆的拉力、制动力，可以节能。例如日本 100 系采用直流牵引电机，每台质量为 825kg，功率为 230kW，而 300 系采用交流感应电机后，每台质量仅为 390kg，功率增至 300kW。

（3）加强铁路运输基础设施节能。

推行节能型站房。 大中型铁路客站有建筑面积大、能耗高等特点，是节能的重点，而中央空调能耗占客站总能耗的 60%～80%，是节能的关键点。通过在空调主机上安装安全智能节能系统，以及在建筑物的顶棚上加隔热层、加双层玻璃等方式，节省空调耗电。

推广可再生能源利用。 目前，国家在铁路客货枢纽和综合车站采用地源热泵、冷热电三联供热泵、光伏发电、风冷热泵及水冷螺杆冷水机组等可再生能源利用技术，推广中水利用和节能光源，提高高速铁路的资源综合利用效率。

以某省会城市铁路局为例，该铁路局在近年来共投资 1686.1 万元资金用于推广地源热泵技术 11 处，形成建筑面积 28 858m²。其中，投资 1186.1 万元，用于对原来用燃油锅炉采暖的 9 处进行改造为利用地源热泵技术进行采暖，共计采暖建筑面积 23 698m²，形成年节约燃油 425t，年节约电力 85 万 kW·h 的节能效果。

4.2.3 水路运输

(1) 加强船舶能耗实时监测。

提升船舶能效在线智能监测与管理能力。面向营运船舶能效数据的实时采集、传输，建设集监测、分析、评估、优化、辅助决策一体的船舶能效在线智能管理系统，实现船舶主要能耗设备工况、船舶航行状态、能耗和能效全程监控，能效、能耗指标分析评估，航速智能优化，排放控制区自动识别、预警等，满足各类管理需求。通过船舶能效监测及管理可大幅提升船舶节能水平。

以应用"船舶能效在线智能监测与管理技术"的某单位为例，该单位利用该技术，充分利用船舶现有配置的能耗设备、航行设备及监测设备，实现船舶主要能耗设备工况、船舶航行状态、能耗和能效全程监控，最终实现节能，合计监控 100 余艘营运船舶，实现节能量约 245tce/（航次·艘），二氧化碳减排 646t/（航次·艘）。

(2) 加大节能技术的推广应用。

大功率拖轮油电混合动力系统。基于油电混合技术使船舶主机在最佳工况点持续工作，提高工作效率，减少油耗及污染物排放。该技术适用于各类拖船、供应船、渡轮。据测算，利用该技术，1 艘拖轮可实现节能约 77tce/a，减排二氧化碳 164t/a。

港口自动化装车系统。采用基于 RFID 的车型自动识别技术和分布式网络控制技术，将车型信息传输给各子系统，各子系统根据车型实现车厢移动位置、自动平车动作、散装装车量、码垛垛型和码垛量的智能调整。实现了基于流水线作业模式的自动化装车系统。提高装车效率，减少能源消耗。该技术适用于港口生产作业过程中火车装车作业，预计 1 套自动化装车系统可实现节能约 1163tce/a，减排二氧化碳 2470t/a。

起升配重节能装置。在吊具和上架升降系统上加装配重平衡装置。通过配重及控制系统实现吊具及其上架的位能与平衡块之间位能互相转换，使轮胎吊起升时的实际起重量降低，减少起升系统消耗的功率，达到明显的节能效果。

以上海某集团公司为例，该集团将起升配重节能装置应用于 48 台集装箱门式起重机，达到了减少起升系统消耗功率、明显节能的目的，合计实现节能量 754tce/a，减排二氧化碳 1879t。

靠港船舶使用岸电技术。港口岸电是指停靠在码头的船舶将可利用清洁、环保的"岸电"替代船舶辅机燃油供电。2019 年 3 月，国家交通运输部、财政部、国家发展改革委、国家能源局以及国家电网公司、南方电网公司联合发布《关于进一步共同推进船舶靠港使用岸电工作的通知》及《进一步共同推进船舶靠港使用岸电工作任务分工及完成时限》，大力推进港口岸电工作的开展。据统计，截至 2018 年底❶，全国已建成岸电设备 2400 余套，覆盖泊位 3200 多个，其中《港口岸电布局方案》任务完成约 40%，京杭运河水上服务区基本实现岸电全覆盖。

（3）推进港口结构节能及组织管理。

积极推行智能航运。2019 年 5 月，交通运输部等 7 部委联合发布《智能航运

---

❶ 我国明确港口岸电全覆盖"时间表"，中国电力新闻网。

发展指导意见》，提出智能航运是传统航运要素与现代信息、通信、传感和人工智能等高新技术深度融合形成的现代航运新业态，包括智能船舶、智能港口、智能航保、智能航运服务和智能航运监管五方面基本要素。要求到 2020 年底，我国将基本完成智能航运发展顶层设计；到 2025 年，突破一批制约智能航运发展的关键技术，成为全球智能航运发展创新中心；到 2035 年，较为全面地掌握智能航运核心技术，智能航运技术标准。通过智能航运实提升水运节能降耗水平。

推广港口生产智能管理系统。将生产作业中所需的资源，包括船舶、货物、作业机械、人员、视频监控、计量、理货等资源要素，通过 GIS、差分定位、无线通信、视频监控、RFID、移动终端、智能传感器等"物联网＋"技术集成一体的 GIS 平台进行智能化管理，提高生产效率，降低能耗。

4.2.4 民用航空

（1）优化航空能源结构。

使用航空生物燃料。生物航煤是一种新型可再生航空燃料，具有绿色低碳、节能减排的特性，在环境保护上优势明显，其碳排放量较同等化石燃料显著减少。2019 年 2 月 23 日，一架编号为 B－305E 的全新 A320neo 飞机从法国图卢兹飞抵广州白云国际机场，该航班使用的燃料混合了 10％的生物航空煤油，该航空生物燃料以甘蔗糖为原料，相比于传统航空煤油，油耗从 3.02t/（万 t•km）持续下降至 2.82t/（万 t•km），可以减少近 50％的二氧化碳排放。根据国际航空运输协会预测，2020 年，生物航空煤油占航空煤油消费量的 30％[1]。

提升机场清洁能源利用比重。机场通过大力推广"煤改电"、加强非化石能源利用等措施来达到节约燃油，减少排放的目的。截至 2018 年，民航机场地面保障车辆设备中，共有电动车辆 1524 台，充电设施 827 个，电动车辆占比约 5％；2018 年，机场清洁化运行水平稳步提升，全国机场光伏发电超

---

[1] 航空公司应用航空生物燃料的成本效益分析，化工进展，2014 年 5 月。

2000 万 kW·h，机场综合能耗中，电力、天然气、外购热力占比达到 80%。

（2）加快节能技术的推广应用。

发动机节能改造技术。 利用先进的飞机发动机材料和工艺，对现有飞机发动机进行升级改造，提高发动机燃油效率，减少燃油消耗。据估计，飞机发动机节能改造后，单架飞机年节能量 45.6t 燃油。

推广 APU 替代设备。 地面桥载设备是指在机场登机廊桥上安装静变电源和飞机地面空调机组，替代飞机发动机辅助动力装置（APU），为停靠廊桥期间的飞机供电供气。根据国际航协（IATA）数据显示，使用桥载设备替代飞机 APU，存在无噪声、无排放等优势。因此机场桥载设备替代 APU 具有较为显著的社会效益。截至 2018 年，全国年旅客吞吐量 500 万人次以上机场中 95% 以上的单位已完成 APU 替代设备安装并投入使用。

以温州机场为例，温州机场 T2 航站楼自 2018 年 6 月 1 日投用后，全面启用新的地面桥载设备。包括 T1 航站楼和 T2 航站楼，现共投用 31 套桥载设备。按照测算，该项目投用后温州机场停靠廊桥的飞机年能耗减少 16 000t 标准煤，节能率为 73%，减排二氧化碳近 19 000t。

（3）加强航空领域节能管理。

优化航线网络和运力配备。 航空公司加强航班计划和网络规划，通过优化航线网络和运力配备，改善机队结构，加强联盟合作等措施提高运输效率，降低单位产出能耗和排放量。实行科学决策，对于客座率低的航班，在不影响服务质量的前提下可以考虑采取停飞、削减航班、大改小、合并航班等措施，提高飞机运行效率。2018 年，共有 39 万架次航班使用临时航路，缩短飞行距离 1574 万 km，节省燃油消耗 8.5 万 t，减少二氧化碳排放约 26.8 万 t。

利用信息化系统开展能源管理。 航空公司信息化系统的应用是提升能源利用效率的有效途径。2018 年 12 月，机场能源数据管理系统正式投运，呼和浩特机场进入能源管理的"智能化"时代，新上线的能源数据管理系统，能够实现集测量、计量、管理于一体的能源管理，实现能耗信息的实时监控、远程传输、存储、分析、计费、报警等功能，实现对电能管理、水消耗及能耗实时动态的分级分布式监控与集中管理。通过能耗分布，分析节能潜力，在实现全机场节能降耗的同时，节省了人工成本。

4.3 节能效果

2018 年，我国交通运输业能源利用效率进一步提高，公路、铁路、水运、民航单位换算周转量能耗分别比上年降低 0.98%、5.1%、4.2% 和 17.7%。按 2018 年公路、铁路、水运、民航换算周转量计算，2018 年与 2017 年相比，交通运输行业实现节能量 1475 万 tce。较上年来看，水运、民航节能量增加，公路、铁路节能量减少。我国交通运输主要领域节能情况，见表 1-4-5。

表 1-4-5　　　　　　　　我国交通运输主要领域节能情况

类型	单位运输周转量能耗 [kgce/（万 t·km）]（换算）			2018 换算周转量（亿 t·km）	2018 年节能量（万 tce）
	2010 年	2017 年	2018 年		
公路	556	406	402	72 177	289
铁路	55.9	43.3	41.1	42 968	95
水运	50.8	35.7	34.2	99 133	149
民航	6190	5134	4223	1034	942
合计					1475

数据来源：国家统计局；国家铁路局；交通运输部；中国电力企业联合会；中国汽车工业协会；中国汽车技术研究中心；2018 年交通运输业发展公报；2018 年铁道统计公报；2018 年民航行业发展统计公报；中国石油经济技术研究院；《中石油经研院能源数据统计（2017）》。

注　1. 单位运输工作量能耗按能源消费量除换算周转量得出。

　　2. 电气化铁路用电按发电煤耗折标准煤。

　　3. 换算吨公里：吨公里＝客运吨公里＋货运吨公里；铁路客运折算系数为 1t/人；公路客运折算系数为 0.1t/人；水路客运为 1t/人；民航客运为 72kg/人；国家航班为 75kg/人。

5

全社会节能成效

本章要点

(1) 全国单位 GDP 能耗持续下降。2018 年，全国单位 GDP 能耗为 0.56 tce/万元（按 2015 年价格计算，下同），比上年降低 2.9％。自 2015 年以来，我国单位 GDP 能耗保持下降态势，与 2015 年相比，累计下降 11.1％。

(2) 结构因素对我国单位 GDP 能耗下降的影响近年来逐渐增大，反映出我国经济结构调整的成效。2006－2017 年间，效率因素和结构因素对我国单位 GDP 能耗下降的贡献率分别为 88.0％和 12.0％；而 2013－2017 年的五年间，相应贡献率分别变为 64.2％和 35.8％。

(3) 全社会节能减排成效显著。与 2017 年相比，2018 年我国单位 GDP 能耗继续下降，全年实现全社会节能量 1.40 亿 tce，占 2018 年能源消费总量的 3.0％，可减少二氧化碳排放 3.1 亿 t，减少二氧化硫排放 64.8 万 t，减少氮氧化物排放 68.3 万 t。

(4) 建筑部门是最重要的节能部门。全国工业、建筑、交通运输部门合计节能量约为 1.32 亿 tce，占全社会节能量的 94.6％。其中工业部门、建筑部门、交通运输部门分别实现节能量 4087 万、7674 万、1475 万 tce，分别占全社会节能量的 29.2％、54.9％、10.5％。

5.1 单位 GDP 能耗

（一）全国单位 GDP 能耗

全国单位 GDP 能耗持续下降。2018 年，全国单位 GDP 能耗为 0.56tce/万元[1]（按 2015 年价格计算，下同），比上年降低 2.9%，低于"十二五"期间年均下降速度 1.3 个百分点。与 2015 年相比，累计下降 11.1%。自 2015 年以来，我国单位 GDP 能耗保持下降态势，见表 1-5-1。

表 1-5-1　　　　　　　2015 年以来我国单位 GDP 能耗及变动情况

年　　份	单位 GDP 能耗（tce/万元）	增速（%）
2015	0.63	—
2016	0.60	−5.0
2017	0.57	−3.6
2018	0.56	−2.9

（二）单位 GDP 能耗分解

为进一步分析影响节能成效的主要因素，运用 Laspeyres 分解将单位 GDP 能耗变化分解为结构因素和效率因素，分析结果如图 1-5-1 所示。总体来看，

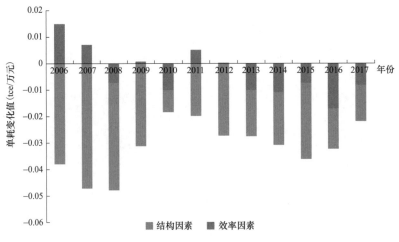

图 1-5-1　2006 年以来我国单位 GDP 能耗变化因素分解

---

[1]　本节能耗和节能量均根据《中国统计年鉴 2019》公布的 GDP 和能源消费数据测算。

2006—2017 年间，效率因素和结构因素对我国单位 GDP 能耗下降的贡献率分别为 88.0％和 12.0％；而 2013—2017 年的五年间，效率因素和结构因素对应的贡献率分别变为 64.2％和 35.8％。可见，近年来结构因素对我国单位 GDP 能耗下降的影响明显增大，反映出我国经济结构调整的成效。

5.2 节能量

与 2017 年相比，2018 年我国单位 GDP 能耗下降实现全社会节能量 1.40 亿 tce，占 2018 年能源消费总量的 3.0％，可减少二氧化碳排放 3.1 亿 t，减少二氧化硫排放 64.8 万 t，减少氮氧化物排放 68.3 万 t。

与 2017 年相比，2018 年全国工业、建筑、交通运输部门合计节能量约为 13 236 万 tce，占全社会节能量的 94.6％。其中工业部门实现节能量 4087 万 tce，占全社会节能量的 29.2％；建筑部门实现节能量 7674 万 tce，占全社会节能量的 54.9 ％，为最大节能领域；交通运输部门实现节能量 1475 万 tce，占全社会节能量的 10.5％。2018 年我国主要部门节能情况见表 1-5-2。

表 1-5-2　　　　　　2018 年我国主要部门节能情况

部　门	2018 节能量（万 tce）	占比（%）
工业	4087	29.2
建筑	7674	54.9
交通运输	1475	10.5
主要部门节能量	13 236	94.6
其他节能量	750	5.4
全社会节能量	13 986	100.0

注　1. 节能量为 2018 年与 2017 年比较。
　　2. 建筑节能量包括新建建筑执行节能设计标准和既有住宅节能技术改造形成的年节能能力。

节电篇

1

电力消费

本章要点

(1) 全社会用电量大幅增长。2018 年，全国全社会用电量达到 69 002 亿 kW·h，比上年增长 8.4%，增速比上年提高 1.8 个百分点。

(2) 第三产业、居民生活用电比重上升，第二产业用电比重下降。2018 年，第三产业和居民生活用电量分别为 10 831 亿、9692 亿 kW·h，占全社会用电量的比重分别为 15.7%、14.0%，分别上升 0.5、0.1 个百分点。第一产业和第二产业用电量分别为 746 亿、47 733 亿 kW·h，占全社会用电量的比重分别为 1.1%、69.2%，第二产业比重下降 0.7%。

(3) 工业、高耗能行业总用电增速提高。2018 年，全国工业用电量 46 954 亿 kW·h，比上年增长 7.0%，增速比上年提高 1.5 个百分点；黑色金属、有色金属、化工和建材四大高耗能行业用电量比上年均增长，用电合计 19 509 亿 kW·h，比上年增长 6.0%，增速比上年提高 1.1 个百分点。

(4) 人均用电量保持快速增长，但仍明显低于发达国家水平。2018 年，全国人均用电量和人均生活电量分别达到 4945kW·h 和 695kW·h，比上年分别增长 356kW·h 和 67kW·h；我国人均用电量已接近世界平均水平，但仅为部分发达国家的 1/4～1/2。

1.1 电力消费概况

2018 年，全国全社会用电量达到 69 002 亿 kW·h，比上年增长 8.4%，增速提高约 1.8 个百分点。全社会用电量增速提高的主要原因：宏观经济运行总体平稳、服务业和高科技及技术装备制造业较快发展、冬季寒潮和夏季高温、电能替代快速推广、城农网改造升级释放电力需求。就业基本稳定，消费价格温和上涨，第三产业和居民生活用电继续保持快速增长。2000 年以来全国用电量及增速，如图 2-1-1 所示。

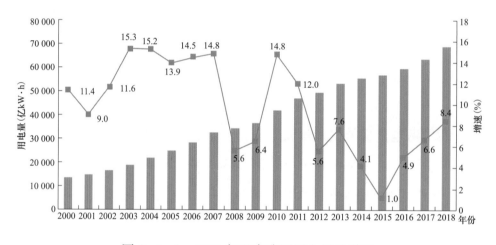

图 2-1-1　2000 年以来我国用电量及增速

第三产业、居民生活用电比重上升。2018 年，第一产业、第三产业和居民生活用电量分别为 746 亿、10 831 亿、9692 亿 kW·h，比上年增长 9.0%、12.9%、10.3%，增速均高于全社会用电增速；占全社会用电量的比重分别为 1.1%、15.7%、14.0%，第三产业和居民生活用电比重分别上升 0.5%、0.1%。第二产业用电量 47 733 亿 kW·h，比上年增长 7.1%，占全社会用电量的比重为 69.2%，占比下降 0.7 个百分点。

其中，第三产业、居民生活对全社会用电增长的贡献率分别达到 22.6%、16.7%，比上年分别提高 0.7、1.1 个百分点；第一产业、第二产业对全社会用电增长的贡献率分别为 1.2%、59.5%，比上年降低 0.4、1.4 个百分点。2018 年全国三次产业及居民生活用电增长及贡献率，见表 2-1-1。

表 2-1-1　2018 年全国三次产业及居民生活用电增长及贡献率

产业	2017 年				2018 年			
	用电量（亿 kW·h）	增速（%）	结构（%）	贡献率（%）	用电量（亿 kW·h）	增速（%）	结构（%）	贡献率（%）
全社会	63 636	6.6	100	100	69 002	8.4	100	100
第一产业	684	7.5	1.1	1.6	746	9.0	1.1	1.2
第二产业	44 571	5.5	69.9	60.9	47 733	7.1	69.2	59.5
第三产业	9593	10.7	15.2	21.9	10 831	12.9	15.7	22.6
居民生活	8788	7.7	13.9	15.6	9692	10.3	14.0	16.7

数据来源：中国电力企业联合会。

1.2　工业及高耗能行业用电

工业用电量比上年增长，但增速小于全社会用电增速。2018 年，全国工业用电量 46 954 亿 kW·h，比上年增长 7.0%，增速比上年提高 1.5 个百分点。

四大高耗能行业总用电量快速增长。2018 年，黑色金属、有色金属、化工、建材等四大高耗能行业合计用电 19 509 亿 kW·h，比上年增长 6.0%，增速比上年提高 1.1 个百分点。其中，黑色金属行业用电量增加 9.8%，增速提高 8.5 个百分点；有色金属行业用电量增长 5.2%，增速下降 1.2 个百分点；化工行业用电量增加 3.2%，增速下降 1.4 个百分点；建材行业用电量增长 5.7%，增速提高 2 个百分点。

2018 年 31 个制造业行业中，只有铁路/船舶/航空航天/其他运输设备制造业和仪器仪表制造业用电量负增长。2018 年用电量大于 400 亿 kW·h 的行业有 15 个，其中黑色金属、金属制品、计算机/通信和其他电子设备制造、石油/煤炭及其他燃料加工、通用设备制造和汽车制造行业用电增速均高于全社会平均水平。2018 年我国主要工业行业用电情况，见表 2-1-2 和图 2-1-2。

表 2-1-2　　　　　　　　2018 年我国主要工业行业用电情况

行　　业	用电量 （亿 kW·h）	增速 （%）	结构 （%）
全社会	69 003	8.4	100
工业	46 954	7.0	68.0
钢铁冶炼加工	5426	9.8	7.9
有色金属冶炼加工	6029	5.2	8.7
非金属矿物制品	3506	5.7	6.1
化工	4548	3.2	6.6
纺织业	1637	3.8	2.4
金属制品	2276	12.1	3.3
计算机、通信和其他电子设备制造	1474	11.9	2.1

数据来源：中国电力企业联合会。

注　结构中行业用电比重是占全社会用电量的比重。

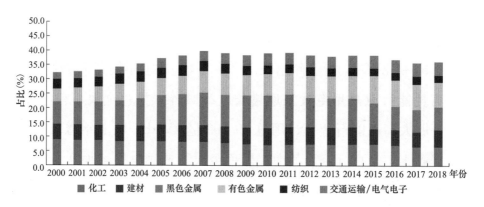

图 2-1-2　2000 年以来主要行业占全社会用电比重变化

1.3　各区域用电量增速

各区域用电增速均有不同程度上升。 2018 年，华北（含蒙西）电网地区用电 16 375 亿 kW·h，比上年增长 9.1％，增速比上年提高 4.0 个百分点；华东用电 16 677 亿 kW·h，比上年增长 7.2％，增速提高 0.5 个百分点；华中用电 12 241 亿 kW·h，比上年增长 10.2％，增速提高 4.0 个百分点；东北（含蒙东）用电 4752 亿 kW·h，比上年增长 8.0％，增速提高 2.6 个百分点；西北（含西藏）用电 7442 亿 kW·h，比上年增长 7.5％，增速下降 2.6 个百分点；南方电网地区用电 11 514 亿 kW·h，比上年增长 8.3％，增速提高 1.0 个百分点。2018 年全国分地区用电量，见表 2-1-3。

表 2-1-3　　　　　　　　2018 年全国分地区用电量

地　区	2017 年		2018 年		
	用电量 （亿 kW·h）	比重 （％）	用电量 （亿 kW·h）	增速 （％）	比重 （％）
全国	63 630	100	69 003	8.4	100
华北	15 009	23.58	16 375	9.1	23.73
华东	15 561	24.44	16 677	7.2	24.17
华中	11 108	17.45	12 241	10.2	17.74
东北	4400	6.91	4752	8.0	6.89
西北	6923	10.88	7442	7.5	10.79
南方	10 629	16.70	11 514	8.3	16.69

数据来源：中国电力企业联合会。

　　2018 年所有省份用电增速均为正值，相对较快的省份主要集中于中西部地区，西藏（18.6％）、广西（17.9％）、内蒙古（15.5％）、重庆（12.3％）、四川（11.5％）、安徽（11.1％）、湖北（10.8％）、甘肃（10.7％）、江西（10.4％）、湖南（10.4％）都实现两位数增长。福建（9.5％）、陕西（9.2％）、山东（9.0％）、宁夏（8.8％）、山西（8.5％）等 5 个省份用电增速也超过全国平均水平（8.4％）。

1.4 人均用电量

人均用电量保持快速增长。2018年，我国人均用电量和人均生活电量分别达到4945kW·h和695kW·h，比上年分别增长356kW·h和67kW·h；2005—2018年我国人均用电量和人均生活电量年均增速分别为7.6%和9.4%。2000年以来我国人均用电量和人均生活用电量变化情况，如图2-1-3所示。

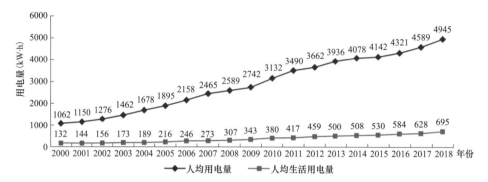

图 2-1-3 2000年以来我国人均用电量和人均生活用电量变化情况
数据来源：中国电力企业联合会。

当前，我国人均用电量已接近世界平均水平，但仅为部分发达国家的1/4~1/2。而人均生活用电量的差距更大，不到加拿大的1/8，如图2-1-4所示。

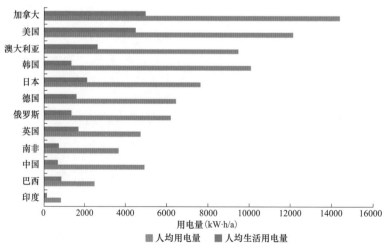

图 2-1-4 中国（2018年）与部分国家（2016年）人均用电量和人均生活用电量对比

2

工业节电

本章要点

(1) 制造业多数产品单位电耗降低，烧碱电耗上升。2018 年，电解铝单位综合交流电耗 13 555kW·h/t，比上年降低 22kW·h/t；水泥单位综合电耗 84.5kW·h/t，比上年降低 0.5kW·h/t；合成氨单位综合电耗 961kW·h/t，比上年降低 7kW·h/t；烧碱单位综合电耗 2163kW·h/t，比上年提高 175kW·h/t；电石单位综合电耗 2972kW·h/t，比上年降低 307kW·h/t；钢单位电耗 452 kW·h/t，比上年降低 16kW·h/t。

(2) 厂用电率和线损率均下降。2018 年，全国 6000kW 及以上电厂综合厂用电率为 4.68%，比上年降低 0.11 个百分点。其中，水电厂厂用电率 0.25%，比上年降低 0.02 个百分点；火电厂厂用电率 5.59%，比上年降低 0.09 个百分点。2018 年，全国线损率为 6.27%，比上年降低 0.21 个百分点，线损电量 3731 亿 kW·h。综合发电侧与电网侧，相较 2017 年、2018 年电力工业生产领域节电约为 224 亿 kW·h。

(3) 工业部门实现节电量比上年显著增加。2018 年工业部门节电量估算为 936 亿 kW·h，比上年显著增加，主要得益于大多数主要工业产品单位综合电耗的下降。

2.1 综述

长期以来，工业是我国电力消费的主体，工业用电量在全社会用电量中的比重保持在 70% 以上水平。2018 年，全国工业用电量 46 456 亿 kW·h，比上年增长 6.5%。

2018 年，在工业用电中，黑色金属、有色金属、煤炭、电力、石油、化工、建材等重点耗能行业用电量占整个工业企业用电量的近 60%。其中，有色金属行业用电量比上年增长 5.7%，化工行业用电量比上年增长 2.6%，建材行业用电量比上年增长 6.0%，黑色金属行业用电量比上年增长 9.8%。随着市场经济体制的不断成熟，市场竞争程度日益加剧，节能减排压力不断加大，国内大多数工业企业积极采取产业升级、技术改造、管理优化等一系列措施降本增效，取得了较好的成效。

2.2 制造业节电

2.2.1 黑色金属工业

2018 年，黑色金属冶炼及压延加工业用电量 5425 亿 kW·h，比上年增长 9.8%，占全社会用电量的 7.9%，占比比上年提高 0.1 个百分点。其中，吨钢电耗为 452kW·h/t，比上年降低 3.4%。

钢铁工业主要节电措施包括：

高效油液离心分离技术。采用物理分离法进行油液分离，当混合油液进入转鼓后，随转鼓高速旋转，因固相、重液相、轻液相密度不同，产生不同的离心惯性力，离心力大的固相颗粒沉积在转鼓内壁上，液相则根据密度梯度自然分层，然后分别从各自的出口排出，实现分离净化，分离过程无耗材、无滤芯、低功率、无须加热、零热耗。预计未来 5 年，推广应用比例可达到 30%，可形成节能 13.9 万 tce/a，减排二氧化碳 37.53 万 t/a。

> 天津钢铁集团中厚板车间油膜轴承油净化项目。改造后单台设备年节约电费 73.8 万元；运用离心式净油机可延长油液使用寿命 2～3 倍，每年可节约新油使用量 260t（原油耗 520t/a）；省去了真空滤油机滤芯更换费用 3.2 万元/台，折合标准煤 3476 t。投资回收期约 6 个月。

纳米微孔绝热保温技术。将多孔纳米二氧化硅复合纳米材料、金属粉、金属箔、有机和无机纤维作为主要绝热材料和补强材料，以互穿网络聚合物作为主要结合剂制成保温涂布。在中高温使用条件下，有机纤维和互穿网络聚合物碳化后转变为碳纤维，成为补强和透光遮蔽材料，部分碳纤维与附在碳纤维的 SiO_2 反应生成 SiC，作为定向辐射材料，使绝热效果提高 2～3 倍，耐压强度提高 10 倍，阻尼比大于 30%，隔声效果大于 10dB。预计未来 5 年，推广应用比例可达到 20%，可形成节能 66.4 万 tce/a，减排二氧化碳 179.28 万 t/a。

> 首钢京唐钢铁有限责任公司钢包保温项目。使用纳米微孔绝热板减少温降：$25×1.25＝31.25℃$，连铸每吨钢可节省电能：$0.71×31＝22.01kW·h$，连铸电极消耗降低：$0.45×22÷50＝0.198kg/t$（钢），综合节能 1.6 万 tce/a。投资回收期约 2 个月。

永磁涡流柔性传动节能技术。应用永磁材料所产生的磁力作用，完成力或力矩无接触传递，实现能量的空中传递。以气隙的方式取代以往电机与负载之间的物理连接，改变传统的调速原理，在满足安全可靠的基础上实现传动系统的节能降耗。预计未来 5 年，推广应用比例可达到 8%，可形成节能 120 万 tce/a，减排二氧化碳 320 万 t/a。

江西新余钢铁炼钢除尘风机改造项目。改造后，电机日耗电量下降到 24 344kW·h/d，节电率约为 45％。经过中节能咨询有限公司第三方检测，综合节能量达 2261tce/a。投资回收期约 11 个月。

2.2.2　有色金属工业

2018 年，有色金属行业用电量为 5736 亿 kW·h，比上年增长 5.7％。有色金属行业电力消费主要集中在冶炼环节，铝冶炼是有色金属工业最主要的耗电环节。2018 年，电解铝用电占全行业用电量的 77.7％。有色金属行业电力消费情况，见表 2-2-1。

表 2-2-1　　　　　　　　　有色金属行业电力消费情况

指　　标	2013 年	2014 年	2015 年	2016 年	2017 年	2018 年
有色金属行业用电量（亿 kW·h）	4054	5056	5388	5453	5427	5736
电解铝用电量（亿 kW·h）	2865	3099	4247	4247	4143	4459
有色金属行业用电量占全国用电量比重（％）	7.6	8.9	9.4	9.1	8.6	8.4
电解铝用电量占有色金属行业用电量的比重（％）	70.7	61.3	62.2	77.9	76.3	77.7

数据来源：中国电力企业联合会。

2018 年，全国铝锭综合交流电耗上升为 13 555kW·h/t，比上年降低 22kW·h/t，节电 7.9 亿 kW·h。

有色金属行业节电措施主要包括：

（1）研发应用节电新技术。

节电技术可以大幅促进有色金属行业节能节电，提高企业效益。例如：不停电开停槽装置的全面利用、燃气焙烧自动化设备的应用，降低阴极钢棒电压技术的应用等，直接抵销了因烟气脱硫和脱硝造成的能耗增加。

重庆旗能电解铝新型保温节能槽盖板项目正式收官

2018年12月上旬，重庆旗能电铝有限公司组织召开新型保温节能槽盖板供货验收会，标志着该公司新型保温节能槽盖板项目进入正式收官阶段。槽盖板作为铝电解槽重要组成部分，其主要作用为保温、密封、防止电解槽烟气扩散、提高集气效率及槽上作业支撑。随着电解槽槽龄增加，槽盖板会老化、效果减弱，造成电解生产过程中单耗指标增加和安全隐患。

截至2017年9月，旗能公司经过考察研究后确定以"新型下部半保温密封槽盖板"作为更新槽盖板选型。该槽盖板在行业内首次采用铆接加段焊技术进行固定，极大提高了连接强度，并在原有盖板基础上增加了下部保温层，利用弧形槽罩并增加水平站台。

根据生产统计，新型保温节能槽盖板上槽运行后，新槽盖板逐步上槽期间平均完成电压3.977V，平均下降17mV，年节电约1780万 kW·h，产生经济效益约620万元。新盖板的上槽使密封效果加强，烟气散排减少，含氟气体回收率提升，为旗能公司氟盐消耗由2017年的21.98kg/（t·Al）降低至当前的18.86kg/（t·Al）提供了较大助力。

资料来源：重庆旗能。

(2) 加强合同能源管理。

合同能源管理是由节能服务公司向用能单位提供节能服务，用能单位以节能效益支付节能服务公司的投入及其合理利润的节能服务机制，双方通过契约形式约定节能目标。因节能公司具备技术、人员等优势，有利于用电精细化管理，弥补企业在开展节能时因人员、技术、设备、资金等多方面造成的限制，显著降低由于产业链各环节脱节造成的损耗，提高节电效果。

(3) 推进设备大型化。

据统计，国内 400kA 及以上产能已高于 2700 万 t，反映了我国近十年来电解铝行业快速发展的特点，从电流强度看表明了我国绝大多数产能处于国际先进水平，其中 500kA 及以上接近 1300 万 t，新建电解铝项目基本采用 500kA 及以上的电解槽系列，更是有不少产能采用 600kA 系列，其中 400kA 系列和 500kA 系列是主流系列，产能规模都达到 1000 万 t 以上。

2.2.3　建材工业

2018 年，我国建材工业年用电量为 3504 亿 kW·h，比上年增长 6.0%，占全社会用电量比重 5.1%，较上年下降 0.1 个百分点，占工业行业用电量比重 7.5%，较上年下降 0.1 个百分点。在建材工业的各类产品中，水泥制造业用电量比重最高，占建材工业用电量的 39.1%，是整个行业节能节电的重点。

2018 年，水泥生产用电 1370 亿 kW·h，比上年降低 2.9%。水泥行业综合电耗约为 84.5kW·h/t，比上年降低 0.5kW·h/t。相比 2017 年，由于水泥生产综合电耗的变化，2018 年水泥生产实现节电 10.9 亿 kW·h。2010－2018 年水泥行业共节电约 105.5 亿 kW·h。

主要节电措施如下：

干法高强陶瓷研磨体制备及应用技术。技术原理：采用高转化率、小原径、低钠含量的煅烧阿尔法氧化铝替代铬钢球应用于研磨装备，降低磨机的填充载荷，降低烧结温度，减少粉磨系统的电耗，避免了钢球生产工艺过程中的铬污染问题。技术指标：氧化铝含量≥92%，密度约 3.65g/cm^3，洛氏硬度约 84.1HRC，强度约 44.9kN，当量磨耗约 0.3g/kg·h。技术功能特性：①颗粒级配更好、更耐磨，3～32μm 颗粒含量提高 2% 以上，磨耗 5～10g/t 水泥，比高铬钢球的磨耗降低约 20g/t；②降温降噪，出磨料温降低 20℃ 左右，能够有效解决夏季出磨料温高问题，降低噪声 15～20dB；③绿色环保，免去了使用高铬钢球的六价铬污染。

远东亚鑫水泥有限责任公司，年产水泥 41.5858 万 t，每吨水泥耗电 33.68kW·h，年耗电 1400 万 kW·h/t。改造后综合节电和节省研磨体添加成本，共节约标准煤 706.25tce/a。投资回收期约 6 个月。

高效优化粉磨节能技术。技术原理：采用高效冲击、挤压、碾压粉碎物料原理，配合适当的分级设备，使入球磨机物料粒度控制在 2mm 以下，改善物料的易磨性；使入磨物料同时具备"粒度效应"及"裂纹效应"，并优化球磨机内部构造和研磨体级配方案。利用 HT 高效优化粉磨机与球磨机组成联合粉磨系统，实现粉磨系统"分段粉磨"，从而达到整个粉磨系统优质、高产、低消耗的目的。

安徽皖维高新材料股份有限公司，改造前 $\phi3.8\times13m$ 水泥磨机。改造后增加设备有 HT 高效优化粉磨机、新型滚筒筛、$\phi3.8\times13m$ 开流水泥管磨机专利部件、排风机、提升机等。每年节电节能量达 2940tce，年节电节能产生经济效益 546 万元以上，项目投资回收期为 7 个月。

2.2.4 石化和化学工业

2018 年，石油加工、炼焦及核燃料加工业用电量为 1160.8 亿 kW·h，比上年增长 18.9%；化学原料及化学制品业用电量为 4463.8 亿 kW·h，比上年增长 2.6%，而化学原料及化学制品业的电力消费主要集中在电石、烧碱、黄磷和化肥四类产品的生产上，占行业 46.8%，占比较上年增加 1.5 个百分点。

2018 年，合成氨、电石、烧碱单位产品综合电耗分别为 961、2972、2163kW·h/t，比上年分别变化约 -0.7%、-9.4%、8.7%。与 2017 年单位单耗相比，2018 年合成氨、电石和烧碱生产实现的节电量分别为 3.2 亿、78.7 亿、-59.8 亿 kW·h。主要化工产品单位综合电耗变化情况，见表 2-2-2。

表 2-2-2 主要化工产品单位综合电耗

产 品	2014 年 (kW·h/t)	2015 年 (kW·h/t)	2016 年 (kW·h/t)	2017 年 (kW·h/t)	2018 年 (kW·h/t)	2018 年节电量 (亿 kW·h)
合成氨	992	989	983	968	961	3.2
电石	3295	3277	3224	3279	2972	78.8
烧碱	2272	2228	2028	1988	2163	−59.8

石油和化学工业主要的节电措施包括：

（一）合成氨

(1) 合成氨节能改造综合技术。该技术采用国内先进成熟、适用的工艺技术与装备改造的装置，吹风气余热回收副产蒸汽及供热锅炉产蒸汽，先发电后供生产用汽，实现能量梯级利用。关键技术有余热发电、降低氨合成压力、净化生产工艺、低位能余热吸收制冷、变压吸附脱碳、涡轮机组回收动力、提高变换压力、机泵变频调速等。该技术可实现节电 200～400kW·h/t，全国如半数企业实施本项工程可节电 80 亿 kW·h/a。

(2) 日产千吨级新型氨合成技术。该技术设计采取并联分流进塔形式，阻力低，起始温度低，热点温度高，且选择了适宜的平衡温距，有利于提高氨净值，目前已实现装备国产化，单塔能力达到日产氨 1100t，吨氨节电 249.9kW，年节能总效益 6374.4 万元。目前，我国该技术已经处于世界领先地位。

(3) 高效复合型蒸发式冷却技术。冷却设备是广泛应用于工业领域的重要基础设备，也是工业耗能较高的设备。高效复合型冷却器技术具有节能降耗、环保的特点，与空冷相比，节电率 30％～60％，综合节能率 60％以上。

（二）电石

电石行业节电以电石炉技术改造为主：从采用机械化自动上料和配料密闭系统技术，发展大中型密闭式电石炉；大中型电石炉采用节能型变压器、节约电能的系统设计和机械化出炉设备；推广密闭电石炉气直接燃烧法锅炉系统和半密闭炉烟气废热锅炉技术，有效利用电石炉尾气。

(1) 环保压力推动电石行业转型升级。"十三五"以来，通过加强上游石灰石供应及电石生产安全环保督察，电石行业环保政策淘汰落后产能成效显著。据电石工业协会统计，在新增产能有所下降的情况下，2016－2017 年年均退出 500 万 t 落后产能，退出产能开始超过新增产能。2018 年，《中华人民共和国环境保护税法》《电石工业污染物排放标准》及《电石生产安全技术规程》相继出台，增加了电石企业的环保成本及生产成本，将继续扼制电石行业的无序扩张和淘汰缺乏竞争力企业，推动电石行业的转型升级。

(2) 加快密闭式电石炉和炉气的综合利用。密闭炉烟气主要成分是一氧化碳，占烟气总量的 80％左右，利用价值很高。采用内燃炉，炉内会混进大量的空气，一氧化碳在炉内完全燃烧形成大量废气无法利用，同时内燃炉排放的烟气中二氧化碳含量比密闭炉要大得多，每生产 1t 电石要排放约 9000m^3 的烟气，而密闭炉生产 1t 电石烟气排放量仅约为 400m^3（约 170kgce），吨电石电炉电耗可节约 250kW·h，节电率 7.2％。

(3) 蓄热式电石生产新工艺。热解炉技术与电石冶炼技术耦合，通过对干法细粉成型、蓄热式热解炉、高温固体热装热送、电石冶炼等技术的集成，改造传统电石生产线，具有自动化程度高、安全可靠、技术指标先进、装备易于大型化、污染物排放低等优点。应用该技术，与改造前相比节电 707.8kW·h/t，可实现节能 1057.5 万 tce/a，减排二氧化碳 2791.8 万 t/a。

(4) 高温烟气干法净化技术。该技术既可以避免湿法净化法造成的二次水污染，也能够避免传统干法净化法对高温炉气净化的过程中损失大量热量，最大程度保留余热，为进一步循环利用提供了稳定的气源，提高了预热利用效率，属于国内领先技术。经测算，一台 33 000kV·A 密闭电石炉及其炉气除尘系统每年实现减排粉尘 450 万 t，减排二氧化碳气体 3.72 万 t，节电 2175 万 kW·h，折合煤 1.9 万 t，直接增收 2036 万元。

（三）烧碱

(1) 离子膜生产技术普及。离子膜电解制碱具有节能、产品质量高、无汞和石棉污染的优点。我国不再建设年产 1 万 t 以下规模的烧碱装置，新建和扩建工程应采用离子膜法工艺。如果我国将 100 万 t 隔膜法制碱改造成离子交换膜法制碱，综合能耗可节约 412 万 tce。此外，离子膜法工艺具有产品质量高、占地面积小、自动化程度高、清洁环保等优势，成为新扩产的烧碱项目的首选工艺方法。

(2) 新型高效膜极距离子膜电解技术。将离子膜电解槽的阴极组件设计为弹性结构，使离子膜在电槽运行中稳定地贴在阳极上形成膜极距，降低溶液欧姆电压降，实现节能降耗，采用该技术产能合计 1215 万 t/a，每年节电 15.8 亿 kW•h。

(3) 滑片式高压氯气压缩机。采用滑片式高压氯气压缩机耗电 85kW•h，与传统的液化工艺相比，全行业每年可节约用电 23 750 万 kW•h，同时还可以减少大量的"三废"排放。

2.3　电力工业节电

电力工业自用电量主要包括发电侧的发电机组厂用电以及电网侧的电量输送损耗两部分。2018 年，电力工业发电侧和电网侧用电量合计为 7005 亿 kW•h，占全社会总用电量的 10.0%。其中，厂用电量 3274 亿 kW•h，占全社会总用电量的 4.7%，比上年降低 0.12 个百分点；线损电量 3731 亿 kW•h，占全社会总用电量的 5.4%，低于上年 0.1 个百分点。

发电侧：2018 年，全国 6000kW 及以上电厂综合厂用电率为 4.68%，比上年降低 0.11 个百分点。其中，水电厂厂用电率 0.25%，低于上年 0.02 个百分点；火电厂厂用电率 5.59%，低于上年 0.09 个百分点。2018 年 6000kW 及以上电厂厂用电率比上年降低。

电网侧：2018 年全国线损率为 6.27%，较上年低 0.21 个百分点，线损电量 3731 亿 kW•h。

综合发电侧与电网侧，2018 年电力工业生产领域实现节电量 224 亿 kW•h。

电力工业的节电措施主要有：

（1）电力需求侧管理工作成效显著。2017年9月，国家发展改革委等六部委引发了《关于深入推进供给侧结构性改革做好新形势下电力需求侧管理工作的通知》，发布了《电力需求侧管理办法（修订）》，新《办法》旨在顺应电力、能源、经济发展新形势，应对电力经济可持续发展面临的多重挑战，对新时期电力需求侧管理工作提出了更多、更高的新要求。在新办法的指引下，2018年，国家电网公司、南方电网公司扎实开展制度建设、宣传培训、平台支撑、机制创新等工作，深化技术研发，创新服务模式，构建清洁低碳、安全高效的能源体系，有效促进节能减排和经济高质量发展，均完成电力需求侧管理目标任务，共节约电量164.4亿kW·h，节约电力410.2万kW。其中，天津、山东、上海、江苏、浙江、河南、江西等7个省份出台了需求响应补贴或可中断电价政策。2018年累计执行需求响应11次，其中填谷响应5次，主要发生在春节、端午和国庆等节假日期间；削峰响应6次，主要发生在迎峰度夏期间以及夏季极端天气情况下。累计为参与需求响应电力客户、需求响应聚合商带来经济收益6042万元；按照每100万kW发输配电设施投资95亿元计算，2018年度公司需求响应业务延缓发输配电设施投资规模达到166亿元；保障了2台供热机组正常运行，满足了1000万m^2居民供暖需求，提升了城市中心城区供热品质和可靠性；促进新能源消纳1.3亿kW·h，按照单位火电发电量二氧化碳排放844g/（kW·h）、二氧化硫排放3.6g/（kW·h）计算，有效减少二氧化碳排放10.7万t、二氧化硫排放461t。

（2）大力推广综合能源服务。2018年，节能服务产业产值达到4774亿元，全国从事节能服务的企业6439家，行业从业人数72.9万人，节能与提高能效项目投资1171.0亿元，形成年节能能力3930万tce，年减排二氧化碳10 651万t[1]。2017年，国家电网公司印发了《国家电网公司关于在各省公司开展综合

---

[1] 中国节能协会《2018节能服务产业发展报告》。

能源服务业务的意见》，意见提出：做强做优做大综合能源服务业务，推动公司由电能供应商向综合能源服务商转变，到 2020 年，确保累计实现业务收入达 500 亿元左右，力争实现 600 亿元左右，市场份额得到显著提升。随后，印发了《国家电网有限公司关于推进综合能源服务业务发展 2019－2020 年行动计划》，坚持以电为中心、多能互济，以推进能源互联网、智慧用能为发展方向，构建开放、合作、共赢的能源服务平台，将公司建设成为综合能源服务领域主要践行者、深度参与者、重要推动者和示范引领者。国家电网公司陆续组建 26 家省级综合能源服务公司（除西藏外）。2018 年，26 家省公司积极开拓综合能源服务市场，累计实施 2943 个项目，实现综合能源服务业务收入 49 亿元，比上年增长 133%。从业务领域看，实施综合能效服务项目数量最多，占比 73%，供冷供热供电多能服务项目数量占比 15%，分布式能源服务项目数量占比 9%，专属电动汽车服务项目数量占比 3%。

（3）持续推进电网改造和农网改造，提升输配电网效率。按照国家部署，到 2020 年，我国农村地区基本实现稳定可靠的供电服务全覆盖，供电能力和服务水平明显提升，农村电网供电可靠率达到 99.8%，将建成结构合理、技术先进、安全可靠、智能高效的现代农村电网。"十三五"期间，国家电网公司还将继续推进智能电网和智能变电站建设，预计会再建 8000 多座智能变电站。《南方电网发展规划（2013－2020 年）》也指出，将加强城乡配电网建设，推广建设智能电网，到 2020 年城市配电网自动化覆盖率达到 80%。2018 年，全国完成配电网投资 3064 亿元，相比 2017 年提高 7.8%，110kV 及以下配电网投资比重占电网总投资比重达到 57.4%。截至 2018 年底，国家电网投产±800kV 特高压直流输电通道 2 条，约 3194km；1000kV 特新增高压交流输电线路减少 2717km。

（4）实施电厂节电技术改造。一是减少空载运行变压器的数量。合理减少空载运变压器的数量降低由变压器启动所消耗的电力资源，低压厂用电接线尽量采用暗备用动力中心方式接线，确保每台变压器的负载损耗降为原有负载损耗的 1/4。**二是安装轻载节电器**。主要是在空载或低负载运行的过程中，降低电动机的端电压，从而实现节电。**三是降低照明损耗**。采用高效率的照明灯具，对没有防护要求的较清洁的场所，首先选用开启型灯具；对于有防护要求的场所，应采用透光性能好的透光材料和反射率高的反射材料。采用高效率、长寿命的电光源，在电厂照明设计中应选用 T8 细管荧光灯替代 T2 粗管荧光灯，用紧凑型节能荧光灯替代白炽灯，在显色性要求不高的场所采用金属卤化物灯，在显色性要求不高的场所采用高压钠灯。**四是采用节能型无功补偿装置，实现无功分散和就地补偿**。推广新型的节能型无功补偿装置，如 SVC 型无功补偿装置，可根据实际需要自动投入等量或不等量电容，实现三相对称或不对称补偿功能，另外它带有 RC 吸收回路，能滤除高次谐波。

2.4 节电效果

相比 2017 年，2018 年 7 种工业产品实现节电量－109.5 亿 kW•h，如表 2-2-3所示。其中，烧碱的单位综合电耗上升，钢、电解铝、水泥、平板玻璃、合成氨等 5 类产品的单位综合电耗降低，并且电石产品的节电量最多，为 78.7 亿 kW•h。按照用电比例推算，2018 年制造业节电量约 712 亿 kW•h。此外，综合发电侧与电网侧，2018 年电力工业生产领域节电量 224 亿 kW•h。相比 2017 年，2018 年工业部门节电量共计约为 936 亿 kW•h。

表 2-2-3　　　　我国重点高耗能产品电耗及节电量

类别	产 品 电 耗						2018 年比 2017 年节电量 （亿 kW•h）
	单位	2010 年	2015 年	2016 年	2017 年	2018 年	
钢	kW•h/t	466	472	468	468	452	－151.3
电解铝	kW•h/t	13 979	13 562	13 599	13 577	13 555	7.9
水泥	kW•h/t	89	86	86	85	84.5	10.9

续表

类别	产 品 电 耗						2018 年比 2017 年节电量 （亿 kW·h）
	单位	2010 年	2015 年	2016 年	2017 年	2018 年	
平板玻璃	kW·h/重量箱	7.1	6.5	6.2	6.0	5.9	0.8
合成氨	kW·h/t	1116	989	983	968	961	3.2
烧碱	kW·h/t	2203	2228	2028	1988	2163	−59.8
电石	kW·h/t	3340	3277	3224	3279	2972	78.8
合　计							−109.5

数据来源：国家统计局；国家发展改革委；工业和信息化部；中国煤炭工业协会；中国电力企业联合会；中国钢铁工业协会；中国有色金属工业协会；中国建材工业协会；中国化工节能技术协会；中国造纸协会；中国化纤协会。

3

建筑节电

本章要点

(1) 建筑领域用电量占全社会用电量比重略有上升。2018 年，全国建筑领域用电量为 18 883 亿 kW•h，比上年增长 17.3%，占全社会用电量的比重为 27.6%，比重上升 2.1 个百分点。

(2) 2018 年建筑领域实现节电量 3115 亿 kW•h。2018 年，建筑领域通过对新建建筑实施节能设计标准，对既有建筑实施节能改造，推广绿色节能照明、高效家电，以及大规模应用可再生能源等节电措施，实现节电量 3115 亿 kW•h。其中，新建节能建筑和既有建筑节能改造实现节电量 375 亿 kW•h，推广高效照明设备实现节电量 2000 亿 kW•h，推广高效家电实现节电量 740 亿 kW•h。

3.1 综述

随着建筑规模的扩大和既有建筑面积的增长，我国建筑运行能耗大幅增长。据不完全统计，我国建筑运行能耗约占全国能源消耗总量的20％。如果加上当年由于新建建筑带来的建造能耗，整个建筑领域的建造和运行能耗占全国能耗总量的比例高达35％以上。

2018年，全国建筑领域用电量为18 883亿kW•h，比上年增长17.3％，占全社会用电量的比重为27.6％，比重上升2.1个百分点。我国建筑部门终端用电量情况，见表2-3-1。

表 2-3-1　　　　　　　　　　我国建筑部门终端用电量　　　　　　　　　亿 kW•h

年 份	2011	2012	2013	2014	2015	2016	2017	2018
全社会用电量	46 928	49 657	53 423	56 393	56 933	59 474	63 077	68 449
其中：建筑用电	10 727	11 909	12 772	12 680	13 479	14 950	16 092	18 883
其中：民用	5646	6219	6793	6936	7285	8071	8694	9685
商业	5082	5690	6670	5744	6194	6879	7398	9197

数据来源：中国电力企业联合会；国家统计局。

3.2 主要节电措施

（1）实施新建节能建筑和既有建筑节能改造。

2018年，新建建筑执行节能设计标准形成节能能力1686万tce，既有建筑节能改造形成节能能力190万tce。根据相关材料显示，建筑能耗中电力比重约为55％，由此可推算，2018年新建节能建筑和既有建筑节能改造形成的节电量约为375亿kW•h。

（2）推广绿色照明。

2018 年我国绿色照明推广取得了明显成效。LED 行业市场规模达到 5985 元，比上年增长 12.5％，2006－2018 年年均复合增长率高达 25％。LED 灯具更换周期为五年左右，2012 年中国正式开始实施禁用白炽灯的政策，LED 照明市场规模迅速扩张，2018 年为首个更新周期，预计未来照明灯具的更换需求释放仍将带来市场空间。

随着关键技术的不断突破，LED 照明光效不断提高，从 2003 年的 20lm/W 提升到 2015 年的 150lm/W，2018 年达到 180lm/W。我国《半导体照明产业"十三五"发展规划》要求，到 2020 年，白光 LED 器件光效达到 200lm/W、LED 室内照明产品光效达到 160lm/W、室外照明产品光效达到 180lm/W、白光 OLED 面板灯光效达到 125lm/W，预计 2020 年 LED 功能性照明年节电量近 3000 亿 kW•h，年减排量约为 3 亿 t。

据相关机构估算，2020 年中国 LED 照明行业整体市场规模将达 10 000 亿元，LED 照明行业渗透率达 68％，按专家估算，2018 年的 LED 照明行业渗透率约 50％。综合渗透规模以及能效技术进步，2018 年推广绿色照明可实现年节电量约 2000 亿 kW•h。

（3）高效智能家电普及。

据统计，2018 年我国彩色电视机产量为 20 381.5 万台，比上年增长 18.27％，累计销售 20 306 万台；2018 年国内生产家用空调 14 985.1 万台，比上年增长 4.4％，国内销售 9281 万台，比上年增长 4.6％，出口量为 5788.2 万台，比上年增长 9.3％；洗衣机 2018 年产量为 6470.7 万台，比上年增长 1.7％，出口 2028.1 万台，比上年增长 1.7％，国内销量为 4532.1 万台，比上年增长 2.7％；电冰箱产量为 7478.5 万台，比上年降低 0.5％，冰箱内销 4309.7 万台，比上年降低 3.8％，冰箱出口 3209.3 万台，比上年增长 6.2％，累计销售 7519 万台，比上年增长 0.16％。

据统计，家电年耗电量占全社会居民用电总量的 80％。据此可知，2018 年我国家电耗电约超过 7500 亿 kW·h。我国目前还在城镇化进程中，因此节能家电的消费潜力将进一步释放。根据以往的数据推算，2018 年，我国主要节能家用电器可节电约 740 亿 kW·h。

（4）大规模应用可再生能源。

可再生能源技术是实现绿色建筑的可靠保障之一。目前主要利用的有太阳能、地热、风能等，其中太阳能集热器运用不断加快。

《建筑节能与绿色建筑发展"十三五"规划》要求，到 2020 年，全国城镇新增太阳能光热建筑应用面积 20 亿 m^2 以上，新增浅层地热能建筑应用面积 2 亿 m^2 以上，新增太阳能光电建筑应用装机容量 1000 万 kW 以上。

3.3 节电效果

2018 年，新建节能建筑和既有建筑节能改造实现节电量 375 亿 kW·h，推广应用高效照明设备实现节电量 2000 亿 kW·h，推广高效家电实现节电量 740 亿 kW·h。经汇总测算，2018 年建筑领域主要节能手段约实现节电量 3115 亿 kW·h。我国建筑领域节电情况，见表 2-3-2。

表 2-3-2　　　**2017－2018 年我国建筑领域节电情况**　　　亿 kW·h

类 别	2017 年	2018 年
新建节能建筑和既有建筑节能改造	350	375
高效照明设备	1750	2000
高效家电	680	740
总 计	2780	3115

注　建筑节电量统计不包括建筑领域可再生能利用量。

4

交通运输节电

本章要点

(1) 电气化铁路作为交通运输行业重点节电领域，用电量一直保持较快增长。截至 2018 年底，电气化里程 9.2 万 km，比上年增长 5.7%，电气化率 70.0%，比上年提高 1.8 个百分点。2018 年，全国电气化铁路用电量为 629 亿 kW·h，比上年增长 5.7%，占交通运输业用电总量的 45% 左右。

(2) 电力机车综合电耗进一步下降，电气化铁路节电量较上年略有减少。 2018 年，电力机车综合电耗为 100.95kW·h/（万 t·km），比上年降低 0.05kW·h/（万 t·km）。根据电气化铁路换算周转量（30 078 亿 t·km）计算，2018 年，我国电气化铁路实现节电量至少为 2100 万 kW·h，较上年减少 700 万 kW·h。

4.1   综述

在交通运输领域的公路、铁路、水运、民航等 4 种运输方式中，电气化铁路用电量最大。

近年来，随着电气化铁路快速发展，用电量也逐年上升。截至 2018 年底，电气化里程 9.2 万 km，比上年增长 5.7%，电气化率 70.0%，比上年提高 1.8 个百分点[1]。其中，我国高速铁路发展迅速，截至 2018 年底，我国高铁营业里程达 2.9 万 km，居世界第一位。全国电力机车拥有量为 1.3 万台，占全国铁路机车拥有量的 61.9%。

2018 年，全国电气化铁路用电量为 629 亿 kW·h，比上年增长 5.7%，占交通运输业用电总量的 45% 左右。

4.2   主要节电措施

交通运输系统中，电气化铁路是主要的节电领域。优化牵引动力结构、提高机车牵引吨位、推动再生制动能量利用技术应用、加强可变电压可变频率（VVVF）变压控制装置及采用非晶合金牵引变压器等节能产品的推广，加强基础设施及运营管理等是实现电气化铁路节电的有效途径。

（1）优化牵引动力结构。

铁路列车牵引能耗占整个铁路运输行业的 90% 左右。根据相关测算结果[2]，内燃机车牵引铁路与电力牵引铁路的能耗系数分别为 2.86 和 1.93，电力机车的效率比内燃机车高 54%。截至 2018 年底，全国铁路机车拥有量为 2.1 万台，

---

[1] 铁道部，2018 年铁道统计公报。
[2] 高速铁路的节能减排效应，中国能源报第 24 版，2012 年 5 月 14 日。

其中内燃机车占 38.1%，电力机车占 61.9%，电力机车比重较上年再次上升。

（2）提高机车牵引吨位。

积极开展电力牵引技术创新，提高机车牵引吨位。 近年来，我国加强电力牵引技术研发，提高机车牵引吨位，努力降低机车单位电能消耗。其中，我国南车集团株洲电机有限公司自主研制的高性能牵引电机将大功率机车牵引电机、变压器研制平台上积累的技术，成功融入动车牵引系统，使单台电机最大功率达到 1000kW（列车牵引总功率 2.28 万 kW）。新研发的高速动车组牵引系统，与之前 CRH380A 高速动车组相比，稳定功率提升 1 倍、功率密度提升 60% 以上。

（3）加强节电技术、产品的推广应用。

智能伺服永磁直驱技术。 利用智能伺服永磁直驱系统替换传统模式，改变原驱动系统中间传动环节多、传动效率低、电能浪费严重的问题，改造后的驱动系统能够降低电能消耗 10% 以上；采用智能变频控制，动态响应快、启动转矩大、能够在皮带满载的情况下直接起动而不会出现起动失败的情况，进而降低能耗。

以河北某交通运输公司为例，将智能伺服永磁直驱技术应用于 21 条带式输送机，实现节能量 84.8tce/a，二氧化碳减排 220t。

可变电压可变频率（VVVF）变压控制装置。 该装置可将供电线路中的直流电转换为交流电，根据电车的加速度和速度的变化调整电压和频率，从而使得电机更有效运转。最大优点就是比过去的列车减少了约 30% 的耗电量。

（4）加强基础设施及运营管理。

改进电气化铁路线路质量。 铁路线路条件是影响电力机车牵引用电的重要因素之一，做好铁路运营线路的合理设计、建设、维护，将有助于提高机车运行效率，减少用电损失。根据《中长期铁路网调整规划方案》，至 2020 年，我国铁路电气化率预计达到60％以上，在高覆盖率下，铁路线路质量的管理维护对提高机车用电效率的影响将更为明显。

加强交通运输用能场所的用电管理。如对车站、列车的照明、空调、热水、电梯等采取节能措施，并根据场所所需的照明时段采取分时、分区的自动照明控制技术；在站内服务区、站台等区域推广使用LED灯；在公路建设施工期间集中供电等，均能有效地实现节电。

4.3 节电效果

2018年，电力机车综合电耗为100.95kW•h/（万t•km），比上年降低0.05kW•h/（万t•km）。根据电气化铁路换算周转量（30 078亿t•km）计算，2018年，我国电气化铁路实现节电量至少为2100万kW•h。

5

全社会节电成效

本章要点

(1) 全国单位 GDP 电耗近年来首次升高。 2018 年，全国单位 GDP 电耗 828kW·h/万元（按 2015 年价格计算，下同），比上年升高 1.8%，结束了 2015 年以来持续下降的态势。

(2) 全社会节电的环保效益良好。 与 2017 年相比，2018 年我国工业、建筑、交通运输部门合计实现节电量 4051 亿 kW·h。其中，工业部门节电量为 936 亿 kW·h，建筑部门节电量为 3115 亿 kW·h，交通运输部门节电量为 0.21 亿 kW·h。节电量可减少二氧化碳排放 2.2 亿 t，减少二氧化硫排放 44.5 万 t，减少氮氧化物排放 44.5 万 t。

5.1 单位 GDP 电耗

全国单位 GDP 电耗比上年增长。2018 年，全国单位 GDP 电耗 828kW·h/万元❶（按 2015 年价格计算，下同），比上年增长 1.8%，结束了 2015 年以来持续下降的态势。2015 年以来我国单位 GDP 电耗及变化情况，见表 2-5-1。

表 2-5-1 **2015 年以来我国单位 GDP 电耗及变化情况**

年　份	单位 GDP 电耗（kW·h/万元）	增速（%）
2015	830	—
2016	816	−1.7
2017	814	−0.2
2018	828	1.8

5.2 节电量

与 2017 年相比，2018 年我国工业、建筑、交通运输部门合计实现节电量 3967 亿 kW·h。其中，工业部门节电量约为 936 亿 kW·h，建筑部门节电量 3115 亿 kW·h，交通运输部门节电量至少 0.21 亿 kW·h。节电量可减少二氧化碳排放 2.2 亿 t，减少二氧化硫排放 44.5 万 t，减少氮氧化物 44.5 万 t。2018 年我国主要部门节电量见表 2-5-2。

表 2-5-2 **2018 年我国主要部门节电量**

类　别	2018 年	
	节电量（亿 kW·h）	比重（%）
工业	936	23.1

---

❶ 本节电耗和节电量均根据《中国电力行业年度发展报告 2019》和《中国统计年鉴 2019》公布的数据测算。

续表

类　别	2018 年	
	节电量（亿 kW·h）	比重（%）
建筑	3115	76.9
交通运输	0.21	0.0
总计	4051	100

专题篇

1

电能替代与节能减排

1.1 电能替代实施现状

1.1.1 电能替代政策现状

2016 年 5 月 25 日，国家发展改革委、国家能源局等八部委联合印发的《关于推进电能替代的指导意见》首次将电能替代上升为国家落实能源战略、治理大气污染的重要举措，《意见》明确指出，要从居民采暖领域、生产制造领域、交通运输领域及电力供应与消费领域四大领域重点开展电能替代工作，提出 2020 年前，实现能源终端消费环节电能替代散烧煤、燃油消费总量约 1.3 亿 tce，带动电能占终端能源消费比重提高约 1.5%，促进电能占终端能源消费比重达到约 27%，形成节能环保、便捷高效、技术可行、广泛应用的新型电力消费市场。以此为起点，中央政府部门及省市政府部门纷纷结合自身实际情况发布促进电能替代工作文件。各类促进电能替代工作政策及文件主要可分为三大类：发展规划政策、环保政策、价格政策。部分文件同时属于不同类别政策，在此以文件重点及特点划分其种类。

（一）发展规划政策

在国家层面，除《关于推进电能替代的指导意见》外，2016 年 11 月 7 日，国家能源局出台《电力发展"十三五"规划（2016—2010 年）》，明确提出"实施电能替代，优化能源消费结构"，到 2020 年，电能替代新增用电量月 4500 亿 kW·h，实现能源重点消费环节电能替代散煤、燃油消费总量约 1.3 亿 tce。2017 年 8 月，国务院发布《"十三五"节能减排综合性工作方案》，提出推进"煤改气""煤改电"，鼓励利用可再生能源、天然气、电力等优质能源替代燃煤使用。2017 年 9 月，国家发展改革委等六部委印发《电力需求侧管理办法（修订版）》，提出有关部门和企业需要在需求侧领域合理实施电能替代，促进大气污染治理，扩大电力消费市场，拓展新的经济增长点。要不断创新电能替代领域、替代办法和替代内容，进一步扩大电能替代范围和实施规模。

在省政府层面，2016 年 7 月 22 日，陕西省发展改革委颁布《关于推进电能替代的指导意见》，《意见》提出各项电能替代工作开展措施及重点领域，并提出力争到 2020 年，累计实现电能替代电量 200 亿 kW•h 的目标。2016 年 8 月，河南省发展改革委印发《河南省电能替代工作实施方案（2016－2020年)》，提出 2020 年，在能源终端消费环节形成年电能替代散烧煤、燃油消费总量 650 万 tce 的能力，带动煤炭消费比重提高约 2.6 个百分点，电能占终端能源消费比重提高 2 个百分点以上。2016 年 10 月 28 日，山东省发展改革委、经信委等十部门联合印发《关于加快推进电能替代工作的实施意见》，《意见》提出2016－2020 年，实现能源终端消费环节电能替代散烧煤、燃油消费总量 1300万 tce 以上，带动电能终端能源消费比重提高带 26％以上。2017 年 3 月 14 日，四川省发展改革委、能源局等七个厅局联合颁布《四川省推进电能替代实施意见》，《意见》提出到 2020 年，电能占终端能源消费比重提高至 36％以上，煤炭和燃油消费比例降至 50％以内。2017 年 6 月 2 日，安徽省能源局发布《关于推进安徽省电能替代的实施意见》，提出 2017－2020 年完成电能替代电量 90 亿 kW•h 以上。

（二）环保政策

国家层面上，环保部联合北京市、天津市、河北省政府联合印发《京津冀大气污染防治强化措施》，针对京津冀地区存在的雾霾等环境污染问题，在北京重点开展农村无煤化工程，加速淘汰落后机动车、推广新能源汽车相关工作；要求天津全面落实《大气十条》，加快武清区农村采暖散煤污染治理；河北省重点化解过剩产能、调整产业结构、深化工业污染治理，加快小型锅炉淘汰速度。2017 年 9 月，住房城乡建设部、国家发展改革委、财政部和国家能源局四部门联合印发《关于推进北方采暖地区城镇清洁供暖的指导意见》，四部门表示要重点推进京津冀及周边地区“2＋26”城市“煤改气”“煤改电”及可再生能源供暖工作，加快推进“禁煤区”建设，全面取消散煤供暖，提高清洁供暖水平。2017 年 12 月，由十部委印发的《北方地区冬季清洁取暖规划（2017－2021 年）》中，对北方地区清洁能源取暖工作进行了整体部署，包括清洁取暖现状、存在问题、热源选择等，并特别对煤改气工作提出了具体要求。《规划》明确要在 2019 年北方地区清洁取暖率达到 50％，其中"2＋26"重点城市城区的清洁取暖率达到 90％以上，县城和城乡结合部达到 70％以上，农村地区达到 40％以上。到 2021 年，北方地区清洁取暖率达到 70％，替代散烧煤 1.5 亿 t，"2＋26"城市城区全部实现清洁取暖，35 蒸吨以下燃煤锅炉全部拆除，县城达 80％以上，20 蒸吨以下燃煤锅炉全部拆除，农村地区清洁取暖率达到 60％以上。

省政府层面，2016 年 5 月 23 日，江西省发展改革委等七部门联合印发《关于加快推进江西省电能替代工作的指导意见》，《意见》明确要全面整治工业领域分散燃煤锅炉、严格污染物排放控制。到 2020 年，全面完成列入计划的燃煤（油、柴）锅炉改造任务，逐步淘汰公共事业单位小型燃煤（油、柴）锅炉，电烤烟、电制茶、港口岸电全省覆盖率达到 80％以上；建成充电站 260 座、充电桩 10 万个。2017 年 1 月 6 日，福建省经信委发布《关于印发福建省电能替代工作实施方案的通知》，至 2020 年，促进电能占终端能源消费比重达到约 29％。到 2017 年，除必要保留外，各城区基本淘汰每小时 10 蒸吨及以下的燃煤（油）锅炉；集中供热管网覆盖的区域，禁止新建燃煤锅炉。淘汰分散型工业燃煤燃油炉窑；电制茶、电烤烟全省覆盖率达 90％以上；全省沿海港口港作船舶、公务船舶使用岸电覆盖率达 90％，集装箱、客滚和油轮专业化码头向船舶供应岸电覆盖率达 50％；建成充电站约 400 座、充电桩约 12 万个。

（三）价格及补贴政策

2017 年 9 月，国家发展改革委发布了《关于北方地区清洁供暖价格政策的意见》，建立有利于清洁供暖价格机制，促进北方地区加快实现清洁供暖。省政府层面，只有少数几个省份颁布电能替代电价相关政策。2016 年 8 月 22 日，河南省发展改革委发布《关于做好电能替代电价工作的通知》，《通知》鼓励电能替代用户直接参与市场交易，对进行电能替代改造大用户可以给予优惠电价，并对电动汽车、居民电能替代等方面进行规定，但《通知》中的说明不甚详细。2016 年 7 月 29 日，云南省政府颁布《云南省城乡居民生活用能实施电能替代用电价格方案》，《方案》对居民用户用能设立每户每年 1560kW·h、每月平均 130kW·h 的电能替代电量，居民到户电价为 0.36 元/（kW·h），年用电量超过 1560kW·h 的用户，按现有居民阶梯电价政策执行。《方案》同时对电价各部分组成进行明确说明。2017 年 5 月 11 日，四川省发展改革委、经信委等五个厅局发布《2017 年度推进电力价格改革十项措施》，提出自 2017 年 6 月 1 日起至 10 月 31 日，对四川电网"一户一表"城乡居民用户试行丰水期电能替代电价，在维持现行居民生活用电阶梯电价制度基础上，对月用电量在 181～280kW·h 部分的电价下移 0.15 元/（kW·h），月用电量高于 280kW·h 部分的电价下移 0.20 元/（kW·h）。2018 年 4 月 17 日，四川省发展改革委等四部委发布《2018 年度推进电力价格改革若干措施》，要求组织实施好电能替代输配电价政策。其中，对高炉渣提钛行业和 2017 年 1 月 1 日以后新建改造的电窑炉，自 2018 年 1 月 1 日起按照新建和改造燃煤锅炉电能替代输配电价政策执行，享受电能替代相关政策。

目前发展规划政策文件颁布最多，从国家到各省市级政府，均已将电能替代作为重要发展战略，对其未来发展进行相应的规划。目前雾霾等环境问题严重，该方面电能替代文件发布较多，但国家级文件较少，而京津冀等雾霾问题严重的地区发布该类文件较多。电价及补贴类政策文件最少，国家级文件尚未颁布，部分省市对电能替代电价及补贴政策出台相关文件，但绝大多数并没有对价格及补贴标准进行规定。

1.1.2 电能替代开展情况

（一）电能替代量

2013 年，国家电网公司提出"两个替代"发展战略，即能源开发实施清洁替代，能源消费实施电能替代。此后，公司按照"政府主导、电网推动、社会参与"的原则，大力实施电采暖、电锅炉、电窑炉、港口岸电等重点领域示范工程建设，积极争取支持政策，大力推进能源终端消费各领域实施电能替代，电能替代实现了由最初的宣传推介向纵深推进转变，由试点示范向大规模、多领域全面实施转变。替代技术由 5 大类、18 种技术拓展到 20 大类、53 个应用领域。累计争取电能替代支持政策超过 1100 项，为推进电能替代营造了良好的发展环境。2015—2018 年，我国替代电量逐年上升，截至 2018 年，国家电网公司经营区累计替代电量达到 4293 亿 kW·h，为促进国家能源转型、节能减排、大气污染治理和公司电量增长做出了积极贡献。如图 3-1-1 所示为2015—2018年国家电网公司经营区替代电量变化情况。

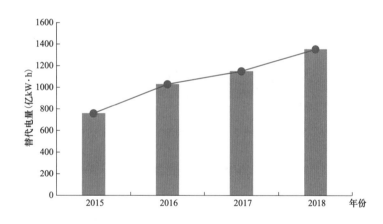

图 3-1-1　2015—2018 年国家电网公司经营区替代电量变化情况

我国电能替代技术发展主要包括五大领域：居民采暖领域、工农业生产制造领域、交通运输领域、电力供应与消费领域及其他（主要为家庭电气化领域）。主要包括 20 个大类技术领域，涉及 50 多项细分技术领域。由于发展阶段、技术成熟程度、各行业特点、技术推广难度及其他诸多因素的影响，目前各技术领域电能替代发展情况各有不同。

（二）电能替代总体情况

图 3-1-2 展示了 2015—2018 年国家电网公司经营区内居民采暖、工农业

生产制造、交通运输、电力供应与消费、家庭电气化五大领域电能替代情况。
2015－2018 年累计实现电能替代电量中，工农业生产制造领域完成最多，占比
60％；其次为电力供应与消费领域，替代电量占比 19％，交通运输领域、居民
采暖领域、家庭电气化领域替代电量分别占总替代电量的 10％、9％和 2％。由
此可见，我国目前工农业生产制造领域电能替代工作开展最快，电力供应与消
费、交通运输、居民采暖领域电能替代工作也稳步进行。家庭电气化替代电量
占比最小，主要由于替代用户过于分散，且进行电气化改造升级多凭用户自
愿，无法大规模开展工作。下面将对各技术领域具体电能替代电量分别进行
分析。

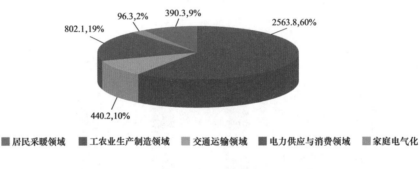

图 3-1-2　2015－2018 年各领域电能替代情况（单位：亿 kW·h）

（三）工农业生产制造领域电能替代实施现状

工农业生产制造领域占据了我国目前电能替代电量的一半以上，图 3-1-3
展示了工农业生产制造领域中 7 项技术领域电能替代贡献情况，分别为：工业
电锅炉、建材电窑炉、冶金电炉、辅助电动力、矿山采选、农业电排灌及其他
（农业辅助生产、农产品加工）。从图中可以看出，冶金电炉电能替代贡献率最
高为 36％，其次建材电窑炉贡献率为 23％，辅助点动力电能替代贡献率为
14％，工业电锅炉电能替代贡献率为 12％，其他几项技术贡献了剩下的 15％电
能替代电量。冶金电炉、辅助电动力、建材电窑炉等主要是用电能替代燃煤提
供动力，从而达到提高终端电能利用和减排的效果。

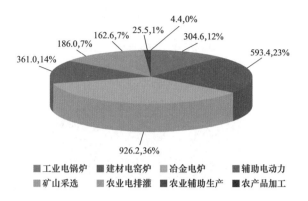

图 3-1-3　工农业生产制造领域各技术领域电能替代贡献情况（单位：亿 kW·h）

（四）电力供应与消费领域电能替代实施现状

2015—2018 年电力供应与消费领域电能替代电量占总替代电量的 19%，是重要的电能替代发展领域。图 3-1-4 展示了该领域五大细分技术领域电能替代情况，分别为：燃煤自备电厂、地方电厂替代领域，油田钻机油改电，油田管线电力加压，电（蓄）冷空调，大型公共建筑热泵。燃煤自备电厂、地方电厂替代领域电能替代贡献率最高，占比高达 69%。电（蓄）冷空调贡献率占 14%，主要替代传统使用燃气的溴化锂制冷机组。油田管线电力加压技术替代电量贡献率为 12%，主要由原先燃油加压变为电力加压。

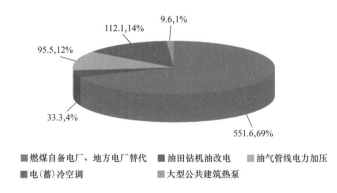

图 3-1-4　电力供应与消费领域各技术电能替代情况（单位：亿 kW·h）

（五）交通运输领域电能替代实施现状

图 3-1-5 展示出交通运输领域电动车、轨道交通、港口岸电、机场桥载

APU 替代 4 个技术领域电能替代情况。轨道交通电能替代贡献率高达 81％港口岸电贡献率为 11％，电动车和机场桥载 APU 替代贡献率分别为 6％和 2％。

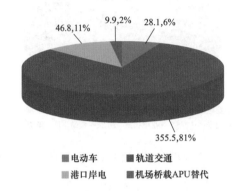

图 3-1-5　交通运输领域各技术电能替代情况（单位：亿 kW·h）

如图 3-1-6 所示，居民采暖领域在 2015－2018 年之间实现累计替代电量 390 亿 kW·h，占总替代电量的 10％。主要包括分散电采暖、电（蓄）热锅炉、热泵 3 种技术领域。热泵替代电量贡献率为 55％，热泵技术又可以细分为污水源热泵、水源热泵、土壤源热泵、空气源热泵、低位源热泵 5 种技术。分散电采暖、电（蓄）热锅炉在居民采暖领域替代电量占比分别为 19％和 26％。

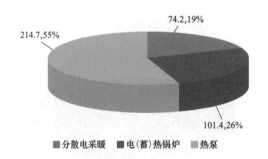

图 3-1-6　居民采暖领域各技术电能替代情况（单位：亿 kW·h）

（六）家庭电气化领域电能替代实施现状

家庭电气化替代电量占比最小，为 2％。家庭电气化技术主要包括电厨炊技术（电饭煲、电高压锅、电蒸锅、电炒锅、微波炉、电磁炉、电热饮水机、电热水壶等）和电洗浴技术（即热式/蓄热式电洗浴热水器）。家庭电气化分散范围广，难以大规模进行电气化改造升级，且进行家庭电气化改造仅凭用户自愿，推广难度较大。

从图3-1-7所示2015—2018年各领域替代电量变化情况来看，工农业生产制造领域增速最快，增幅最大，其年均增速高达22%，2018年替代电量为923亿kW·h，是2015年的2.8倍；相较而言，电力供应与消费领域仅在2016年有较大幅度上升，居民采暖领域在2018年因北方推进清洁取暖工作，替代电量有所增加，增幅为26.2亿kW·h。除此之外，替代电量每年均呈基本持平或下降趋势，其中家庭电气化下降最快，该领域2018年替代电量为6.8亿kW·h，仅为2015年的26%。

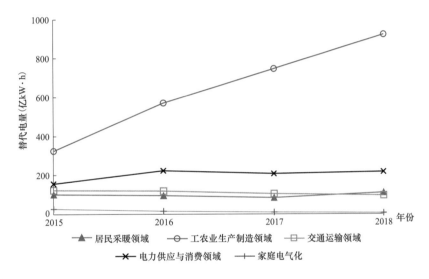

图3-1-7　2015—2018年各领域替代电量变化情况

1.1.3　电能替代典型案例

(1) 珠海高栏港神华粤电珠海港煤炭码头。

该码头于2017年正式建成投用。自此，停靠在该码头的船舶将可利用清洁、环保的"岸电"替代船舶辅机燃油供电。据测算，项目每年将给停靠船舶节约成本约100万元，减排二氧化碳5620t。"港口岸电"系统是将岸上电力供到靠港船舶使用的整体设备，以替代船上自带的燃油辅机，满足船上生产作业、生活设施等电气设备的用电需求。该项目由南方电网广东电网公司投资，并与神华粤电珠海港煤炭码头公司合作运营，此次建设的港口岸电系统包括安装 2000kV·A 的成套变频电源设备，还铺设 5.9km 的电力电缆，变频设备可满足国际和国内船舶不同的电源需求。

项目建成后，预计年用电量超过 360 万 kW·h，替代燃油消耗 1778t，节约船舶能源成本约 100 万元，减少二氧化碳排放 5620t，减少污染物（包括一氧化碳、氮氧化物、PM 污染物等）排放量 38t。此外，在噪声抑制方面，可消除自备发电机组运行产生的噪声污染，为船员和港区居民提供更加舒适的工作和生活环境。广东电网公司相关负责人说，除了实际的成本价值和环保价值，这个国内最大规模的散货煤码头高压岸电项目还将对全国及珠三角地区形成显著的示范引领效应，打造环境友好型港口。除港口岸电外，广东电网公司还划分出九大类电能替代技术领域，正积极推进以"电能替代"促进供给侧结构性改革。

（2）河南鹤壁市清洁取暖工程。

自获批全国北方地区冬季清洁取暖试点城市以来，鹤壁把清洁取暖作为一项重要的民生工程，充分尊重群众意愿，结合农户经济承受能力和生活习惯，分级分类，因地制宜，按照"企业为主、政府推动、居民可承受、运行可持续"的原则，探索"补初装不补运行"这一财政补贴机制，实施"热源侧"和"用户侧"两端发力，深化"六个一"建设推广标准，探索形成"清洁供、节约用、投资优、可持续"的建管模式。

截至目前，鹤壁已实现农村"电代煤"2.3 万户，整村推广低温空气源热风机技术，完成安装低温空气源热风机 1849 户、3035 台，安装数字智能化生物质取暖炉 100 户，铺设农村燃气管道 112km，建设燃气瓶组站 4 座，新接通天然气行政村 98 个，发展农村用户 1.43 万户，初步形成"气做饭、电取暖"的清洁用能结构；完成农房能效提升改造约 23 万 m²、1666 户，城镇能效提升改造完成 10 万 m²，正在改造 43 万 m²；累计改造农村电网 60 个村，总计

13 207户，总投资 1.03 亿元，农村电网供电能力进一步提升，冬季清洁取暖试点建设初见成效，居民生活质量和空气状况明显改善。

(3) 江苏盐城市华鸥事业有限公司电窑炉电能替代。

江苏盐城市华鸥实业有限公司是国内重点玻璃仪器生产企业之一，在实现电能替代前主要使用燃煤坩埚炉工艺生产玻璃仪器，但该工艺存在一次性投入成本较高、产品实现过程能源运作成本高、热利用率低等，以及硫化物等污染物排放量高等问题，不利于企业绿色可持续发展。

2013 年 8 月在完成电能替代工程后，原有生产工艺被电窑炉技术所代替，整体项目投资 550 万元，静态回收期为 3 年，项目年收益 257 万元，年代替电量 930 万 kW·h，并每年减少二氧化碳排放 7074t、二氧化硫排放 22.9t 以及氮氧化物排放 20t，不仅为企业增加了经济收入，同时改善了周围环境，实现了多方共赢。

1.2　电能替代对节能减排的影响分析

1.2.1　电能替代节能减排影响折算方法

我国大气污染物主要包括二氧化硫和氮氧化物，计算几种典型终端能源的二氧化硫折算值、氮氧化物折算值，从而进行环境影响的分析比较，计算方法如下：

(1) 计算终端能源的等效电能值。

E 表示 1 单位某终端能源的等效电能值，即有 E kW·h 电能与 1 单位的其他能源能量值相等。

(2) 计算终端能源的二氧化硫折算值。

S 表示 1 单位某终端能源的二氧化硫排出因子，C_{SO_2} 表示 1 单位某终端能源的二氧化硫折算值，利用公式 $C_{SO_2} = S/E$，计算得出终端能源的二氧化硫折算值。

（3）计算终端能源的氮氧化物折算值。

N 表示 1 单位某终端能源的氮氧化物排出因子，C_{NO_x} 表示 1 单位某终端能源的氮氧化物折算值，利用公式 $C_{NO_x} = N/E$，计算得出终端能源的氮氧化物折算值。

终端能源电能等效能折算值如表 3-1-1 所示。

表 3-1-1　　　　　　　　终端能源电能等效能折算值

终端能源	1kW·h 电能等效能	S (kg/t)	C_{SO_2} (g)	N (kg/t)	C_{NO_x} (g)	烟（粉）尘 (g)
天然气	0.1m³	9.2g/1010cal	0.0	1.57kg/1010cal	0.2	—
柴油	93.9g	8.0	0.8	3.2	0.3	0.1
煤油	89.4g	1.6	0.1	5.8	0.5	—
煤炭	325.7g	16.2	5.3	1.9	0.6	3.3
汽油	93.0g	2.4	0.2	16.7	1.6	—

（4）计算燃煤电厂超低排放发电的度电排放物折算值。

燃煤电厂超低排放标准：针对烟尘，采用低低温电除尘、湿式电除尘、高频电源等技术，实现除尘提效，排放浓度不超过 5mg/m³；针对二氧化硫，采用增加均流提效板、提高液气比、脱硫增效环、分区控制等技术，对湿法脱硫装置进行改进，实现脱硫提效，排放浓度不超过 35mg/m³；针对氮氧化物，采用锅炉低氮燃烧改造、SCR 脱硝装置增设新型催化剂等技术，实现脱硝提效，排放浓度不超过 50mg/m³；针对汞及其化合物，采用 SCR 改性催化剂技术，可使汞氧化率达到 50% 以上，经过吸收塔脱除后，排放浓度不超过 3μg/m³；针对三氧化硫，采用低低温电除尘、湿式电除尘等，排放浓度不超过 5mg/m³。

使用某一燃煤机组负荷（MW）下相应的烟气量（m³/h）及污染物排放浓度（mg/m³），即可计算度电污染物排放量：

度电污染物排放量［mg/（kW·h）］＝烟气量（m³/h）×污染物排放浓度

$(\mathrm{mg/m^3})$ /负荷（1000×kW）。

根据《中国电力行业年度发展报告 2018》统计，我国电源结构仍以煤电为主，2018 年煤电装机占比为 53%，煤电发电量占比为 63.7%，600MW 及以上火电机组容量占全国总装机容量的 44.7%，2018 年全国 600MW 及以上火电机组供电煤耗为 308g/（kW·h），单位发电量耗水量降至 2017 年的 1.25kg/（kW·h）。与世界主要煤电国家相比，在不考虑负荷因素影响下，我国煤电效率与日本基本持平，总体上优于德国、美国。以一台实施了超低排放改造的 600MW 的机组为例进行计算：

度电烟尘排放量＝烟气量（2 012 030m³/h）×烟尘排放浓度（5mg/m³）/负荷（600×1000×kW）＝0.016 767g/（kW·h）。

度电二氧化硫排放量＝烟气量（2 012 030m³/h）×二氧化硫排放浓度（35 mg/m³）/负荷（600×1000×kW）＝0.117 37g/（kW·h）。

度电氮氧化物排放量＝烟气量（2 012 030 m³/h）×氮氧化物排放浓度（50mg/m³）/负荷（600×1000×kW）＝0.167 67g/（kW·h）。

（5）计算单位千瓦时电能代替其他终端能源减排量。

1kW·h 电能等效能的某终端能源二氧化硫、氮氧化物排出量减去超低排放燃煤电厂生产 1kW·h 电能二氧化硫、氮氧化物排出量，得到 1kW·h 电能代替其他终端能源减排量，如表 3-1-2 所示。

表 3-1-2　　　　单位千瓦时电能代替其他终端能源减排量

终端能源	1kW·h 电能等效能	C_{SO_2}（g）	C_{NO_x}（g）	烟（粉）尘（g）
天然气	0.1m³	—	—	—
柴油	0.1kg	0.6	0.1	—
煤油	0.1kg	0.0	0.4	—
煤炭	0.3kg	5.2	0.4	3.2
汽油	0.1kg	0.1	1.4	—

可以看出，电能替代柴油、煤油、煤炭、汽油都能获得减排效果，其中电能替代煤炭减排二氧化硫效果最好、二氧化硫汽油减排氮氧化物效果最好。

计算结果显示，煤炭和汽油的二氧化硫和氮氧化物折算值相对较高，所以将两者作为生活用能将会带来严重的环境污染。然而，我国拥有丰富的煤炭资源，天然气资源相对有限，在短时间内污染相对较小的能源无法替代煤炭资源。为了大限度地减少煤炭消耗带来的环境污染，可以将煤炭的直接消耗转换成煤电。根据资料显示，每排放 1t 二氧化硫造成两万多元的环境经济损失、排放 1t 氮氧化物所造成的 5000 元的环境经济损失，二氧化硫造成的经济损失包括农业损失（减产）、人体健康损失、森林损失、材料损失（腐蚀）。对人体健康造成的损失往往更严重，但是因为缺乏数据而无法测算。这是消费者不能承受的环境与经济代价。通过环境影响分析看出，电能替代化石能源的潜力将会不断增强，电能替代将具有更加显著的环境保护性。

1.2.2　分技术电能替代节能减排折算方法

近年来，全国大范围重污染天气频繁发生，雾霾成为社会关注的热点问题，严重威胁人民生活健康。解决环境问题必须改变以煤为主的能源结构，尽量减少化石能源使用，控制能源消耗总量、调整能源消费结构。电能相对于煤炭、石油、天然气等能源具有更加便捷、安全和清洁的优势。在上述背景下，本节对电气化采暖、电气化厨房、电气化出行及其他电气化生活 4 个方面，从节能减排角度进行测算。

（一）电采暖

测算条件：采暖热指标为 $50W/m^2$；供暖期为 120 天；采暖小时数为1468.6h（工作日按 14h/天，周末及节假日按 24h/天，考虑到用户会主动关闭无人房间的采暖，取使用系数 0.7，折算后为 1468.6h）。

在上述设定参数基础上，每个供暖期每平方米所需热量为 63 153kcal，计算公式为：

每平方米所需热量＝采暖热指标×采暖小时/1000×3.6×106/4185.85。

采用等量热值法，可计算得出各类取暖方式每采暖季每平方米的运行费用：

运行费用＝能源单价×每平方米所需热量/（能源热值×能源效率）。

基于各种能源折标准煤参考系数计算，电采暖方式较传统供暖方式每年每平方米节能在0.9～18.2kg标准煤之间。基于电的综合排放因子、各种能源大气污染物及二氧化碳排放因子计算，各种不同采暖方式的大气污染物及二氧化碳排放量对比见表3-1-3。由此可见，在节能减排方面，电采暖方式于其他采暖方式相比优势明显。

表3-1-3　各种不同采暖方式的大气污染物及二氧化碳排放量对比　　　g/（m²·a）

采暖方式	烟尘	二氧化硫	氮氧化物	二氧化碳
电气化采暖	1.7	27.7	16.1	7981.9
集中供暖	9.8	261	148.4	52 015.2
燃气锅炉	13.6	0.3	83.2	38 144.5
燃煤锅炉	387	336	191	75 919
燃气壁挂炉	11.6	23.2	92.8	41 140

（二）电动汽车

基于各种能源折标准煤参考系数计算，折合成标准煤后电动车能耗仅为汽油车能耗的29%，每车每年节约902.6kg标准煤；大气污染物及二氧化碳排放量对比见表3-1-4。由表可见，仅二氧化硫排放量一项电动车高于燃油车，其余排放量均低于燃油车，减排效果较好。

表3-1-4　　电动车与燃油车大气污染物及二氧化碳排放量对比　　　g/（车·a）

车辆类型	百千米能耗	能源数量	烟尘	二氧化硫	氮氧化物	二氧化碳
电动车	20kW·h	3000kW·h	107	1711	996	493 728
燃油车	8L	1200L	450	300	1500	8 043 000

（三）电炊具

基于各种能源折标准煤参考系数计算，折合成标准煤后使用电炊具比燃气炊具每人每年节约 53.2kg 标准煤；大气污染物及二氧化碳排放量对比见表 3-1-5。由表可见，仅二氧化硫排放量一项电炊具高于燃气炊具，其余排放量均低于燃气炊具，减排效果较好。

表 3-1-5　电炊具与燃气炊具大气污染物及二氧化碳排放对比　　　　　g/（人•a）

炊具类型	能源数量	烟尘	二氧化硫	氮氧化物	二氧化碳
电炊具	290.9kW•h	10.4	165.9	96.6	47 872.0
燃气炊具	72.2m³	44.8	89.6	358.3	158 928.0

（四）电气化生活

电气化生活主要为生活热水方面以电热水器替代燃气热水器。基于各种能源折标准煤参考系数计算，折合成标准煤后使用电热水器比燃气热水器每人每年节约 8.38kg 标准煤；大气污染物及二氧化碳排放量对比见表 3-1-6。由表可见，仅二氧化硫排放量一项电热水器高于燃气热水器，其余排放量均低于燃气热水器，减排效果较好。

表 3-1-6　电热水器与燃气热水器大气污染物及二氧化碳排放对比　　　g/（人•a）

热水器类型	热水用量 [L/（人•年）]	能源数量	烟尘	二氧化硫	氮氧化物	二氧化碳
电热水器	12 045	592W•h	21.1	337.6	196.6	97 429
燃气热水器	12 045	66m³	40.9	81.8	327.4	145 200

1.2.3　分省分领域电能替代技术及减排潜力

改革开放以来，在经济高度繁荣的同时，我国面临着日益严重的环境污染问题。2018 年，我国能源消费总量达到 46.2 亿 tce，且能源消费以煤炭为主，占比约为 60%。与此同时，我国节能减排压力也逐渐加大，近年来雾霾天气频发，尤以京津冀地区最为突出，甚至多次出现超过Ⅵ级的极重度污染天气。

电能替代能够通过大规模集中转化煤、油、气等常规终端能源，提高燃料使用效率、减少污染物排放，对改善终端能源消费结构、提升环境质量具有积极作用，是有效缓解大气污染、调整能源结构的重要方式。

2018 年 10 月 26 日第十三届全国人民代表大会常务委员会第六次会议修订的《中华人民共和国大气污染防治法》第二条：防治大气污染，应当以改善大气环境质量为目标，坚持源头治理，规划先行，转变经济发展方式，优化产业结构和布局，调整能源结构。防治大气污染，应当加强对燃煤、工业、机动车船、扬尘、农业等大气污染的综合防治，推行区域大气污染联合防治，对颗粒物、二氧化硫、氮氧化物、挥发性有机物、氨等大气污染物和温室气体实施协同控制。在二氧化硫、烟（粉）尘排放超标地区大力推广"煤改电"，在氮氧化物排放超标地区大力推广"油改电"。

（一）农业领域节能技术及减排潜力

农业是支撑国民经济建设与发展的基础产业，能源主要用于供暖、烘干等加热工序和排灌、牵引等动力工序。从能源消费品种来看，我国农业生产用能以石油制品、煤炭、焦化产品以及电力为主。农业领域替代潜力不断被挖掘，电能替代技术在农产品生产、加工环节细化应有，具备全被推广条件。农业生产领域新技术如反季节海水养殖综合应用技术等，如表 3-1-7 所示。

表 3-1-7　　　　　　　　农业生产领域新兴技术及应用前景

技术名称	主要技术内容	应用前景
反季节海水养殖综合应用技术	水源热泵电能替代技术的应用，替代传统煤加热锅炉开展恒温养殖，冬季利用约 80°的地热作为热源，并引入陀旋回水高爆其等电能替代技术综合利用，模拟夏季海洋环境，解决冬季虾成活率低问题	北方沿海地区遍布着水产养殖企业，反季节养殖成活率较低。目前，基本采用锅炉供暖，直接消耗一次能源，采用该技术可有效利用地下海水的热能，降低一次能源消耗，绿色环保、成本低廉

石油制品在农业终端能源消费中的比重在 40% 左右，而且从 20 世纪 90 年代以来基本保持稳定上升的态势；煤炭在农业终端能源消费中的比重接近 30%，比重总体呈下降趋势；电力消费比重在 20% 左右，比重比较稳定，应重点在农村能源供应上实施电能替代，在终端能源实现清洁利用。各省 2020 年、2030 年农业领域电能替代与减排潜力如表 3-1-8 所示。

表 3-1-8　各省 2020 年、2030 年农业领域电能替代与减排潜力

地　区	2020 年农业电能替代潜力（亿 kW·h）	2030 年农业电能替代潜力（亿 kW·h）	2020 年农业减排潜力（t）	2030 年农业减排潜力（t）
北京	0.5	1.4	38.4	108.3
甘肃	4.4	12.4	339.6	953.5
河北	11.0	33.4	844.4	2564.0
河南	10.9	33.1	836.7	2541.7
黑龙江	2.9	8.2	225.1	632.4
湖南	11.7	37.9	900.5	2912.9
冀北	10.3	32.9	790.6	2524.1
江苏	9.6	29.5	739.2	2267.4
辽宁	6.9	20.6	528.6	1579.7
蒙东	4.1	11.5	314.3	882.1
山西	6.3	17.6	482.5	1354.6
陕西	3.8	10.7	292.7	822.9
上海	0.8	2.2	61.5	172.1
天津	1.7	4.8	130.6	368.0
新疆	11.4	36.9	872.1	2832.2
浙江	1.5	4.1	111.4	313.5
重庆	1.7	4.6	126.8	355.8

续表

地 区	2020 年农业电能替代潜力（亿 kW·h）	2030 年农业电能替代潜力（亿 kW·h）	2020 年农业减排潜力（t）	2030 年农业减排潜力（t）
青海	0.6	1.7	45.3	127.5
山东	9.6	29.4	737.6	2261.3
福建	7.1	22.4	545.5	1723.4
江西	3.8	10.8	294.3	827.5
四川	5.7	17.3	440.3	1332.3
吉林	3.8	10.6	288.9	811.4
宁夏	0.7	2.1	56.9	159.8
安徽	4.5	13.9	345.8	1068.0
湖北	7.6	24.0	587.0	1840.2
广东	9.7	30.2	747.6	2322.8
广西	3.6	11.2	272.8	858.3
贵州	3.7	11.4	280.5	874.4
云南	4.4	16.5	335.8	1264.7
海南	0.8	2.2	60.7	171.3
总计	161.7	525.4	12 422.8	40 366.6

（二）工业领域节能技术及减排潜力

在工业领域主要是产品在生产过程中的耗能较大，以钢铁行业为例，其生产流程主要包括烧结、焦化、炼铁、炼钢、轧钢等环节，其中炼铁工序耗能比重最大，占比接近 50%，炼钢及后续工序耗能比重相对较小。从主要生产环节电力消耗来看，则主要集中于电炉炼钢和轧钢环节。电炉炼钢由于设备原因电能消耗巨大，其用电量占炼钢用电量的比重超过 60%；轧钢环节的电力消耗主要用作轧机和辅助设备的动力，用电占全部生产用电的 20% 左右。

围绕工业领域煤、油等传统能源需求量大，替代潜力大的特点，电能替代技术在该领域不断创新，如表 3-1-9 所示，经济性逐步提高，电制蒸汽、工业用热水等技术已具备全部替代传统能源的条件。

表 3-1-9　　　　　　　　工业生产领域新兴技术及应用前景

技术名称	主要技术内容	应用前景
商用炉具余热利用系统技术	利用翅片换热等技术回收商用炉灶排出的高温废气热量，并用于加热冷水获得高温热水，减少热水设备的一次能源消耗，并且有效改善操作者的工作环境。通过商用炉具余热利用系统云平台对接余热炉具设备，做到精确感知、策略控制、精准操作、精细管理，提供稳定、可靠、低成本维护的一站式节能云服务	适用于商用炉具余热利用改造
工业锅炉通用智能优化控制技术	采用先进的软测量、过程优化控制、故障诊断与自愈控制、大系统协调优化、智能软件接口、企业级大数据挖掘、神经网络预测控制等技术实现锅炉（窑炉）装置的安全、稳定与经济运行	适用于各种工业锅炉和工业窑炉
集中供气（压缩空气）系统节能技术	通过汽轮机驱动大型离心式空气压缩机，改变传统的电动机驱动方式，并配置数台电动机离心式空气压缩机作为紧急备用，组成集中供气站系统来替代工业园区内原有单一的、分散的小型空压站系统，实现按需高效供气	适用于具有压缩空气需求的工业园区
新型纳米涂层上升管换热技术	上升管内壁涂覆纳米自洁材料，在荒煤气高温下内表面形成均匀光滑而又坚固的釉面，焦炉荒煤气与上升管内壁换热时，难于凝结煤焦油和石墨，高效回收荒煤气余热，并实现管内壁自清洁	适用于钢铁焦化行业余热、余能利用领域
加热炉烟气低温余热回收技术	利用高效、低阻、耐腐蚀的换热设备，利用循环水与低温烟气进行热交换，降低加热炉烟气温度，获得高温热水，并用于工业生产，提高整体热利用效率	适用于燃气工业加热炉节能技术改造

由于煤炭产品在烧结、焦化和炼铁环节要作为生产原料及还原剂使用，受生产方式限制，钢铁行业在以上环节电能替代潜力较小；轧钢环节能源消耗中 80% 以上为电能，另 20% 主要为加热炉使用煤气和少量重油，考虑生产循环和

二次能源回收利用，电能替代空间较小。炼钢环节目前主要有两条工艺路线，即转炉炼钢和电炉炼钢，其中高炉-转炉流程长，工序复杂，投资大，环境污染大，而以废钢为主要原料的电弧炉炼钢无须庞杂的铁前系统和高炉炼铁，具有设备简单、工序少、投资低、占地小和建设周期短的特点，且容易控制污染，符合可持续发展要求。提高我国电炉钢比重，意味着在缩短钢铁生产工序、节约炼铁能耗的同时，可以实现电能对煤炭资源的替代，具有电能替代潜力。各省2020年、2030年工业电能替代与减排潜力见表3-1-10。

表 3-1-10　　各省 2020 年、2030 年工业电能替代与减排潜力

地　区	2020 年工业电能替代潜力（亿 kW·h）	2030 年工业电能替代潜力（亿 kW·h）	2020 年工业减排潜力（t）	2030 年工业减排潜力（t）
北京	3.3	7.9	1832.4	4404.4
天津	23.8	57.1	13 336.5	32 007.5
河北	238.7	572.7	133 745.7	320 915.8
山西	129.6	310.9	72 599.7	174 197.9
山东	196.1	544.9	109 902.6	305 349.2
上海	74.0	248.1	41 438.3	139 035.5
江苏	164.5	359.7	92 178.6	201 543.2
浙江	135.6	290.3	75 967.5	162 648.9
安徽	88.5	212.4	49 597.1	118 991.6
福建	163.8	393.0	91 786.3	220 231.1
湖北	29.5	70.9	16 547.3	39 701.2
湖南	86.5	207.6	48 476.4	116 307.5
河南	95.2	228.3	53 317.9	127 929.3
江西	57.5	138.1	32 237.3	77 362.7
四川	55.4	132.9	31 026.9	74 460.1

续表

地 区	2020 年工业电能替代潜力（亿 kW·h）	2030 年工业电能替代潜力（亿 kW·h）	2020 年工业减排潜力（t）	2030 年工业减排潜力（t）
重庆	6.9	16.7	3888.9	9335.5
辽宁	94.5	226.7	52 942.4	127 038.3
吉林	144.1	345.7	80 724.9	193 692.7
黑龙江	131.4	315.3	73 642.0	176 702.7
蒙东	1.9	4.5	1047.9	2516.0
陕西	86.9	208.6	48 711.7	116 873.5
甘肃	133.1	319.2	74 555.4	178 882.4
青海	4.7	11.2	2616.9	6270.4
宁夏	61.0	146.4	34 187.3	82 036.1
新疆	82.9	270.3	46 470.3	151 453.0
广东	204.9	489.1	114 811.3	274 070.1
广西	38.3	140.6	21 456.0	78 797.3
贵州	42.9	124.1	24 056.1	69 540.2
云南	28.1	137.8	15 746.0	77 211.5
海南	8.6	27.8	4835.9	15 555.5
总计	2612.1	6558.4	1 463 677.9	3 675 061.2

（三）交通运输业节能技术及减排潜力

交通运输业的主要用能领域包括铁路运输业、道路运输业、城市公共交通运输业、水上运输业、航空运输业、管道运输业、装卸搬运及其他运输服务业，其中 80% 以上消耗的是油。交通运输业中的水上交通运输业、航空运输业、管道运输业等由于其运输的特殊性，不存在电能替代其他能源的可能性。交通领域新技术包括待闸江心船舶移动储能岸电综合利用技术和电动汽车大功率无线充电技术等，见表 3-1-11。

表 3-1-11　　　　　　交通领域新兴技术及应用前景

技术名称	主要技术内容	应用前景
船舶移动储能岸电综合利用技术	利用岸电替代江心船舶柴油发电，为船舶导航、生活等用电，解决燃油排放等污染问题	过闸船舶在江中等待过程，一般时间为一周左右，通过移动储能岸电解决船舶用电问题，节约能源
电动汽车大功率无线充电技术	以大功率无线传输充电实施电动汽车快速充电，利用停车位位置进行无线发射装置布局安装。减省充电桩线缆手动连接问题，最大传输功率可达92%。建立无线充电带可实现行驶中的电动车自主充电	目前全国城市公交系统采用电动公交车已成为趋势，难点在于建设大型集中式充电站，占地要求高，对变压器容量要求高，增容及新增存在审批及建设周期，大型公交站数量极大，采用无线充电技术可以减少充电站建设土地要求。全国公交站数量巨大，无线充电市场容量大

电能替代其他能源的可能环节主要是电气化铁路中的电力机车的增加，代替内燃机车；城市公共交通运输业中轨道交通的发展，以及电动车和电动自行车的增加，代替燃油汽车和摩托车。各省 2020 年、2030 年交通领域电能替代与减排潜力见表 3-1-12。

表 3-1-12　各省 2020 年、2030 年交通领域电能替代与减排潜力

地　区	2020 年交通运输电能替代潜力（亿 kW·h）	2030 年交通运输电能替代潜力（亿 kW·h）	2020 年交通运输减排潜力（t）	2030 年交通运输减排潜力（t）
北京	71.8	148.9	10 712.2	22 219.8
天津	49.7	113.2	7420.5	16 888.3
河北	84.8	193.1	12 659.5	28 815.1
山西	151.4	344.6	22 588.3	51 412.4
山东	140.9	320.6	21 017.1	47 834.2
上海	72.5	179.6	10 821.1	26 791.7

续表

地　区	2020 年交通运输电能替代潜力（亿 kW·h）	2030 年交通运输电能替代潜力（亿 kW·h）	2020 年交通运输减排潜力（t）	2030 年交通运输减排潜力（t）
江苏	22.9	52.2	3423.0	7790.6
浙江	81.4	185.2	12 143.2	27 640.8
安徽	56.0	127.4	8354.6	19 016.1
福建	41.7	94.9	6223.8	14 165.1
湖北	36.2	82.4	5403.1	12 296.9
湖南	102.8	233.9	15 333.4	34 900.1
河南	68.9	156.8	10 276.5	23 392.6
江西	27.7	63.0	4131.8	9403.6
四川	60.9	138.6	9084.3	20 679.9
重庆	16.4	37.4	2450.1	5576.2
辽宁	102.0	232.2	15 220.0	34 640.5
吉林	21.3	48.5	3178.3	7232.5
黑龙江	32.5	74.0	4851.0	11 040.5
蒙东	1.3	2.9	189.5	429.7
陕西	113.2	257.6	16 888.3	38 438.0
甘肃	148.1	337.1	22 100.4	50 299.2
青海	19.2	43.6	2860.5	6510.3
宁夏	16.2	36.9	2420.3	5506.1
新疆	7.0	15.9	1044.5	2374.0
广东	145.1	324.0	21 655.7	48 347.5
广西	28.4	75.4	4240.7	11 244.9
贵州	28.1	64.7	4185.5	9658.8

地 区	2020年交通运输电能替代潜力（亿 kW·h）	2030年交通运输电能替代潜力（亿 kW·h）	2020年交通运输减排潜力（t）	2030年交通运输减排潜力（t）
云南	28.7	52.1	4285.5	7775.6
海南	12.2	21.3	1817.5	3184.3
总计	1789.2	4057.9	266 978.8	605 506.6

（四）建筑领域节能技术及减排潜力

从建筑行业主要产品能源消费来看，水泥、平板玻璃和陶瓷是典型代表。根据主要建材产品的生产工艺，考虑到建材行业现有技术装备，根据电能替代分析，建材行业的电能替代主要是电加热窑炉对煤（气）窑炉、燃油窑炉和天然气窑炉的替代。但受制于电加热窑发热材料尺寸限制，电能替代空间的主要集中在对部分产品规格较小的陶瓷和玻璃制品的窑炉设备的替代。各省 2020年、2030年建筑业电能替代与减排潜力见表 3-1-13。

表 3-1-13　各省 2020年、2030年建筑业电能替代与减排潜力

地 区	2020年建筑电能替代潜力（亿 kW·h）	2030年建筑电能替代潜力（亿 kW·h）	2020年建筑减排潜力（t）	2030年建筑减排潜力（t）
北京	99.9	210.6	2247.3	4739.4
天津	55.5	117.0	1248.4	2632.8
河北	221.2	466.5	4978.9	10 500
山西	67.9	130.5	1527.3	2936.9
山东	255.5	412.8	5751.1	9290.4
上海	0.1	0.3	3.2	6.8
江苏	1.4	3.0	32.4	68.2
浙江	2.3	4.8	50.9	106.9

续表

地 区	2020 年建筑电能替代潜力（亿 kW·h）	2030 年建筑电能替代潜力（亿 kW·h）	2020 年建筑减排潜力（t）	2030 年建筑减排潜力（t）
安徽	12.5	26.3	280.9	592.4
福建	1.5	3.2	33.8	70.9
湖北	6.2	13.1	139.8	294.4
湖南	4.8	10.1	107.4	226.4
河南	19.9	42.0	448.3	945.5
江西	6.0	12.7	135.3	284.9
四川	0.0	0.0	0.2	0.9
重庆	1.9	3.9	42.1	88.5
辽宁	64.4	135.8	1449.0	3055.5
吉林	72.1	152.0	1622.0	3421.2
黑龙江	84.9	153.8	1910.6	3460.4
蒙东	60.1	126.7	1351.7	2850.7
陕西	48.8	102.8	1097.4	2314.3
甘肃	51.8	109.3	1166.3	2460.0
青海	45.7	96.4	1028.8	2169.4
宁夏	39.1	82.5	880.5	1856.8
新疆	137.4	289.8	3091.7	6521.5
广东	6.2	19.8	140.2	446.1
广西	1.4	2.7	32.4	59.6
贵州	1.9	3.0	42.3	67.7
云南	1.2	2.9	27.5	65.9
海南	0.6	1.2	14.2	27.2
总计	1372.1	2735.3	30 881.3	61 561.5

（五）居民生活领域节能技术及减排潜力

居民生活用能领域包括照明、家用电器、厨房用品、卫浴用品、采暖、制冷、私人交通等。我国居民用能结构中优质能源比重呈上升趋势。居民生活用能是全国用能的重要组成部分，我国居民用能水平与发达国家相比还有很大差距，用能结构中电力、天然气等高效优质能源比重偏低，而煤炭、薪柴、秸秆等劣质能源比重过大。

供暖领域已经成为技术创新的热电领域。电供暖产品由传统的、单一的电阻丝制热方式，逐渐发展为新材料应用，技术工艺改造、多种技术组合的高效制热方式。居民采暖领域新技术主要包括石墨烯远红外采暖应用技术、熔盐储热技术和大气源源射供热技术等，见表3-1-14。

表3-1-14　　　　　　　居民采暖领域新兴技术及应用前景

技术名称	主要技术内容	应用前景
石墨烯远红外采暖应用技术	石墨烯采暖以远红外电磁波的方式进行热辐射传热，物体接收远红外电磁波并将其转换为热能，直接加热物体，而非加热空气，绝大多数的能量用于物体加热，能量损耗少。适用于北方地区间歇性采暖房屋等需求灵活的场所	利用远红外辐射传热，热能利用效率高，特别适宜北方地区间歇性采暖房屋需求灵活的场所。北方地区除连续性采暖房屋，仍有大量间歇性采暖需求的房屋，因此，其发展前景巨大
熔盐储热技术	该技术核心储能系统由清洁能源热池罐和清洁能源冷暖罐组成，储热介质是专用低温储热材料，这是一种良好的传热、储热载体，且突破了危化品的限制，储能规模可达百兆瓦级，储热效率高达98%，使用寿命达30年以上，储热成本低。整个生命周期运行过程中，无衰减、无污染、无排放，可回收利用，清洁环保，绿色节能	主要用于用电低谷蓄热，用电高峰释放热能，满足经济成本和电网功率调节的需要
AI能源管理系统	通过能源系统采集数据并进行自动控制或远程操作，根据室外温度和作息时间独立调整每一个设备的运行情况，达到分时分区控制的功能，实现自动气候补偿，做到冷热量分配均匀，实现按需供冷、供热的需要	适用于能源管理系统改造。从技术手段上改变传统的供冷供热方式，极大地提高用户的舒适程度，在保证空调舒适品质的前提下实现节能减排的目标。能够在原能源系统的基础上再降低20%～30%的能耗

续表

技术名称	主要技术内容	应用前景
大气源源射供热技术	该技术利用空气做辅助能源，应用超导砂的超强导热，自主研发超低温环境启动技术，在 −60℃ 内，能正常启动与运行使用，电能转化效率高且不受环境温度影响	可广泛应用于各类水暖供暖情景中

我国居民生活照明通常只使用电能，但在偏远地区还有近 1000 万无电人口，因此在照明方面还有少量的电能替代潜力；炊具有电炊具、燃气炊具和燃煤、烧薪柴的大灶，电炊具因其方便、安全和高效有一定的替代潜力；家用电器包括厨房小家电，卫浴小家电都是电器，不存在电能替代；家用热水用能形式较多，有一定的电能替代空间，未来将形成电热水器和燃气热水器竞争的格局。各省 2020、2030 年居民生活电能替代与减排潜力见表 3-1-15。

表 3-1-15 　各省 2020、2030 年居民生活电能替代与减排潜力

地　区	2020 年居民生活电能替代潜力（亿 kW·h）	2030 年居民生活电能替代潜力（亿 kW·h）	2020 年居民生活减排潜力（t）	2030 年居民生活减排潜力（t）
北京	11.1	35.5	6220.0	19 881.4
天津	9.3	29.8	5216.9	16 676.2
河北	29.1	92.9	16 289.6	52 073.9
山西	18.3	58.6	10 276.9	32 853.7
山东	54.6	174.7	30 617.9	97 888.6
上海	8.7	27.8	4875.1	15 589.1
江苏	48.8	163.5	27 323.0	91 629.4
浙江	28.9	92.5	16 211.1	51 832.9
安徽	19.4	62.0	10 870.9	34 764.5
福建	21.7	69.3	12 137.3	38 810.3

续表

地　区	2020 年居民生活电能替代潜力（亿 kW·h）	2030 年居民生活电能替代潜力（亿 kW·h）	2020 年居民生活减排潜力（t）	2030 年居民生活减排潜力（t）
湖北	19.2	61.5	10 770.0	34 439.5
湖南	33.2	106.2	18 620.6	59 532.2
河南	35.5	133.5	19 887.0	74 796.3
江西	18.4	58.7	10 293.7	32 909.7
四川	31.2	99.8	17 494.3	55 940.3
重庆	12.0	38.3	6713.1	21 467.2
辽宁	21.2	67.8	11 879.5	37 986.5
吉林	12.2	39.1	6858.8	21 926.7
黑龙江	8.4	26.8	4690.2	15 000.7
蒙东	5.3	16.8	2947.5	9419.6
陕西	15.2	48.7	8539.8	27 300.5
甘肃	9.6	30.7	5379.4	17 208.5
青海	2.5	8.1	1417.7	4522.1
宁夏	3.8	12.0	2106.9	6735.5
新疆	9.1	29.2	5110.4	16 340.0
广东	58.5	180.4	32 769.6	101 082.6
广西	15.9	47.7	8892.8	26 723.4
贵州	19.0	59.6	10 618.7	33 408.4
云南	22.5	53.9	12 602.4	30 175.2
海南	3.2	9.5	1776.3	5340.2
总计	605.7	1931.0	339 402.0	1 082 019.0

1.2.4　全国电能替代电量及减排潜力

未来我国电力负荷将持续增长，还有较大发展空间。综合上述农业、交通、工业、建筑及居民等5大领域，到2020、2030年，全国电能替代总量将分别达到6540.7亿、15 808.0亿 kW·h，二氧化碳、二氧化硫、氮氧化物等气体的减排总量预计将分别达到211.3万、546.5万 t。

1.3　电能替代工作建议

建立以电力为中心的能源发展方式是大势所趋，电能替代工作的开展不仅对改善环境有着重要的意义，同时对我国能源转型、能源安全起到关键的作用。为更好地推进电能替代工作，现从以下5个方面分别提出建议：

(1) 因地制宜开展电能替代工作。

在电能替代工作开展过程中，用户在具体需求、周围环境、经济条件等方面呈现出多样性、差异化的特征。与此同时，随着电能替代技术的发展，面向各类具体需求的电能替代技术越加完善。

因此，在具体开展电能替代工作时，应充分考虑用户的个性化特点，因地制宜地选择最合理的相关技术，避免"一刀切"的应用模式。以电采暖为例，应根据人口密度的不同选择相应情境下经济性更高的解决方案，因此在居住密度较高的聚居型村落以及新农村应优先采用整体经济性较高的集中式水蓄热电供暖，而在居住较为分散的地区应优先采用能效较高的分户式热泵。与此同时，还应考虑地理位置不同带来的技术适用性问题，如热泵在严寒地区能效将大幅度降低且易出现结霜等技术问题，因此该类地区的电采暖推广仍需应以蓄热式电采暖技术为主。

(2) 加强电能替代扶持力度，建立长效支持机制。

目前总体来看，我国对电能替代的政策扶持力度仍明显不足，一是电价支持力度不够，虽然部分地区出台电价优惠政策，但考虑到设备投入、改造成本等其他因素，电能替代在经济性上综合优势并不明显。二是配套财政补贴和税收减免政策不完善，目前政府对于大多数电能替代技术并没有出台具有可操作性的支持性政策，在电能替代项目的财政补贴、税收减免、扶持投入等多方面尚未形成配套政策体系，对客户选用节能环保设备缺少必要的激励措施。

因此在推进电能替代的过程中，建议政府一是应加强政策支持力度，对前期投入较多的电能替代项目进一步加大在电价、初装等方面的补贴，同时完善税收减免等政策，形成健全完善政策体系；二是建立长效支持机制，鼓励电网企业与电能替代用户签订长期协议，并适当延长各类优惠政策年限，进而降低用户对支持政策退坡的顾虑，加大用户对电能替代工作的积极性。

（3）完善相关规范，统一市场标准。

现阶段，虽然我国及各类国际组织均对电能替代技术做出相应的标准规范，但国内外对电能替代的实施尚无统一的标准体系，进而导致出现各类产品间兼容性较差、执行过程中操作不规范等问题，对电能替代工作的开展有较大的阻碍作用。

因此建议应由国家标准委员会牵头，组织能源、电力等行业标委会，针对既有标准和规范，制定电能替代相关设备制造、建设、检测、运营等方面的国家标准，建立健全电能替代基础设施标准体系，完善技术标准和准入制度，促进我国电能替代规范有序发展，为电能替代政策的落地提供支持和保障。

（4）加强技术攻关，鼓励科技创新。

我国电能替代尚处于起步阶段，核心设备能源利用效率有待提升，成本有待降低，设备持续推广主要受应用成本、推广支持力度、运营模式等瓶颈制约，真正让老百姓可承受，还需从用户侧、电网侧、电源侧多层面综合创新。

因此，应明确能源科技创新战略方向和重点，组建跨领域和跨学科的研究团队，加强电能替代产品的研究和经济对比，采用自主创新和引进吸收等措施，集中攻关分散式电采暖、电锅炉、电窑炉、家庭电气化、热泵、电蓄冷空调、港口岸电、机场桥载设备替代 APU 等关键技术，提高电能替代的替代效率，推动电能替代装备改造升级，引导社会力量积极参与电能替代技术、业态和运营等创新。通过技术的改造和创新为电能替代政策的落地提供技术支持和保障，进而保证电能替代政策的有效性和可行性。

（5）完善市场化机制，创新商业模式。

目前我国电能替代的推广仍以政府主导为主，市场起到的作用相对较弱，该模式一是对政府政策的依赖性较大；二是对政府财政形成相当的压力；三是补贴相对有限，而各类企业盈利较少，致使企业参与电能替代的积极性偏低。

因此建议着力完善市场化机制，为企业创造公平、自由的发展环境，并以电网企业为主导，打通电能替代产业链上下游，依托泛在电力物联网构建厂商、电网、用户、政府多位一体的生态圈，进而凭借市场的力量促进电能替代的发展，实现多方共赢。

与此同时，各个企业间还应加强合作，在电能替代领域创新商业模式，进而增加企业的盈利，提高企业参与电能替代的积极性。如设备厂商可与综合能源服务公司相互合作，推出电能替代整体解决方案；设备厂商也可与电网企业进行合作，实行"设备＋电价"的整体优惠营销策略，进一步拓展用户数量。

2

数据中心发展及节能情况
分析

2.1 数据中心发展分析

2.1.1 发展背景

信息是影响经济发展的重要因素，信息技术是推动经济发展方式转变的关键因素。信息技术发展日新月异，已经广泛应用在经济社会发展各个行业、各个领域。信息技术能够有效提高资源和能源的利用效益，可通过提高信息产业在经济总量中的比重来降低单位 GDP 能源消耗。信息网络、大数据与各行各业结合起来，通过改造和优化传统产业实现集约经营，达到节能降耗减排的效果。

2017 年由中国国家信息中心发布的《2017 全球、中国信息社会发展报告》提出，中国总体上仍处于从工业社会向信息社会过渡的转型期。国家层面一直鼓励信息化发展，出台了《"十三五"国家信息化规划》等文件，部署了节能减排、节能改造、绿色及可再生能源等工作。国家出台的相关政策见表 3-2-1。

表 3-2-1 国家出台的相关政策

要 点	主 要 内 容
《"十三五"国家信息化规划》	加快信息化和生态文明建设深度融合，利用新一代信息技术，促进产业链接循环化、生产过程清洁化、资源利用高效化、能源消耗清洁化、废物回收网络化。积极推广节能减排新技术在信息通信行业的应用，加快推进数据中心、基站等高耗能信息载体的绿色节能改造。支持采用可再生能源和节能减排技术建设绿色云计算数据中心。加快推动现有数据中心的节能设计和改造，有序推进绿色数据中心建设
《国务院关于积极推进"互联网＋"行动的指导意见》	提出推动互联网与生态文明建设深度融合，加强资源环境动态监测，大力发展智慧环保，完善废旧资源回收利用体系，建立废弃物在线交易系统。加快互联网与传统行业相结合的进程，充分发挥中国互联网的规模优势和应用优势，推动互联网由消费领域向生产领域拓展，加速提升产业发展水平，增强各行业创新能力，构筑经济社会发展新优势和新动能

要　点	主　要　内　容
《国家信息化发展战略纲要》	《纲要》为中国国家信息化规范化发展提供了指导思路。《纲要》要求将信息化贯穿中国现代化进程始终，加快释放信息化发展的巨大潜能，以信息化驱动现代化，加快建设网络强国
《推动企业上云实施指南（2018—2020 年）》	指导和促进企业运用云计算推进数字化、网络化、智能化转型升级

随着互联网技术与产业不断升级换代，中国信息化进程加速发展。同时伴随国家政策的落地，全国信息社会指数增速由 2016 年的 4.29％ 提升到了 4.61％，信息化基础资源保有量稳步提升，互联网普及率逐年提高，5G、人工智能、云计算、大数据、区块链、虚拟现实等新兴技术领域保持良好发展势头。

根据中国信息通信研究院统计，2017 年我国数字经济总量达到 27.2 万亿元，比上年名义增长超过 20.3％，明显高于当年 GDP 增速，占 GDP 比重达到 32.9％。在人工智能、云计算、区块链、物联网等信息技术快速发展的背景下，数据中心作为数据技术应用的实体，已成为各行各业信息化发展的关键基础设施，为我国经济转型升级提供了重要支撑。

2.1.2　耗能情况

数据中心是天然的耗能体。能耗密度高是数据中心的重要特征之一。数据中心不仅仅包括计算机系统和其他与之配套的设备（例如通信和存储系统），还包含数据通信连接、环境控制设备、监控设备以及各种安全装置。按其功能划分，数据中心可分成以下几个模块：IT 设备、空调系统、供配电及辅助系统。与传统能耗单元不同，数据中心 24h "连轴转"，昼夜不停的运行方式势必会增加能耗。

数据中心规模不断扩大，耗电量不断增长。数据中心作为新兴产业，用电量随着业务扩容而加速增长的趋势非常明显，成为新的耗电大户。与传统高耗能行业逐步进入平稳发展期形成鲜明对比，数据中心无论单位产能用电量，还是单位建筑面积耗电量，数据中心均位居前列，且耗能迅猛攀升。国家节能中心及中国电子节能技术协会数据中心节能技术委员会联合发布的统计数据显示，2012—2016年，我国数据中心的年耗电量增速始终维持在12%以上，最高达16.8%。截至2017年底，全年耗电量超过1200亿kW·h，约占我国全社会用电量的2%，超过全球单座发电量最高的三峡电站当年976亿kW·h的发电量。根据中国电子技术标准化研究院统计，近年来中国数据中心保有面积规模增长率一直保持在10%以上，数据中心的耗电量已连续八年以超过12%的速度增长，2017年中国数据中心耗电量1221.5亿kW·h。2018年中国数据中心总用电量为1608.9亿kW·h，占中国全社会用电量2.35%，占第三产业用电量的14.9%，已经超过了上海全市2018年的全社会用电量（1566.7亿kW·h）。2016—2017年我国数据中心规模如图3-2-1所示。

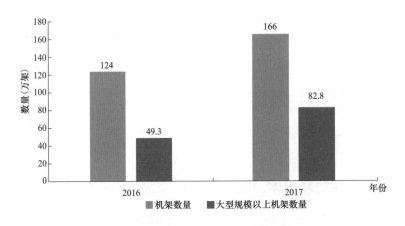

图3-2-1　2016—2017年我国数据中心规模

数据来源：工业和信息化部文件。

未来数据中心耗电量将持续走高。目前我国数据中心总量已超过40万个，预计2020年总耗电量将达到2023亿kW·h，未来数据中心的规模及能耗仍将保持高速增长。据《中国数据中心能耗与可再生能源使用潜力研究》报告统计及预测，未来 5 年（2019—2023 年）数据中心总用电量将增长 66％，年均增长率将达到 10.64％，预计全国数据中心总能耗也将在 2020—2021 年间突破 2000 亿 kW·h，并在其后的 3 年快速增长，在 2023 年突破 2500 亿 kW·h。该报告测算显示，2018 年全国数据中心用电相关二氧化碳排放量为 9855 万 t。如果未来五年数据中心采用市电的比例维持 2018 年水平，那么到 2023 年数据中心用电将会排放二氧化碳 1.63 亿 t，五年内新增二氧化碳排放量 6487 万 t。未来数据中心的节能工作面临较大挑战。

2.2 数据中心节能情况分析

2.2.1 节能潜力分析

数据中心能耗主要影响因素是能效和使用情况。数据中心能耗与服务器功率、内部其他辅助设备的能耗相关。同一天的不同时段内，访问量、计算量的变化均会对服务器的功率产生影响。气候、温度、湿度等因素则会对数据中心内部其他辅助设备产生影响。能耗与服务器所承受的访问量、计算量有关，在访问量、计算量升高的情况下，其负载率随之升高，单位时间内服务器功率上升，能源消耗量增加，碳排放量增加。数据中心能耗水平与能效及使用情况紧密相关。目前主要用于衡量数据中心能效水平的评价指标是 *PUE*，即平均电能使用效率值。该指标由数据中心设备总能耗除以信息设备能耗得出，基准值为 2，数值越接近 1 意味着能源利用效率越高。*PUE* 越低，数据中心在冷却及其他辅助系统的能耗就越低，总能耗越低。有专家测算，如果我国数据中心 *PUE* 降低 0.1，每年可节约亿元级电费。

我国数据中心能效水平距离国际先进水平还有较大差距。尽管中国数据中心的能耗现状目前尚未有统一数据，但有专家统计，大多数数据中心的 *PUE* 仍大于 2.2，与国际先进水平相比有较大差距。例如，美国数据中心 *PUE* 已达

1.9，全球先进数据中心 *PUE* 甚至达到 1.2 以下，我国在降低能源消耗方面发展空间很大。

国家层面出台了较多鼓励数据中心节能方面的文件。国家一直在积极引导绿色节能数据中心的建设。先后出台多项政策，大力推广绿色数据中心先进适用技术，抓紧制定数据中心相关标准，在数据中心建设前进行严格的能耗审查，做好管控工作。2013 年 1 月，工业和信息化部、国家发展改革委、国土资源部、电监会、国家能源局等五部委联合发布《关于数据中心建设布局的指导意见》提出以市场为导向，以资源节约和提高效率为着力点，通过引导市场主体合理选址、长远设计、按需按标建设，逐渐形成技术先进、结构合理、协调发展的数据中心新格局。2015 年工业和信息化部联合国家机关事务管理局、国家能源局制定了《国家绿色数据中心试点工作方案》，并确定了 84 个国家绿色数据中心试点单位。绿色数据中心工作由点到系统全面推开。2019 年 2 月，工业和信息化部、国家机关事务管理局、国家能源局出台《关于加强绿色数据中心建设的指导意见》，要求到 2022 年数据中心平均能耗基本达到国际先进水平，新建大型、超大型数据中心的 *PUE* 达到 1.4 以下。

地方层面积极出台相关政策及措施。在地方层面，北京、上海、深圳等地数据中心密集地纷纷出台政策控制其能耗：或在中心城区全面禁止新建和扩建数据中心，或要求新建数据中心 *PUE* 值须限制在 1.3 以下，或实施鼓励政策，对 *PUE* 值低于 1.25 的数据中心，新增能源消费可给予实际替代量 40％ 以上的支持。全国各地市根据自身实际情况对数据中心行业制定相应绿色节能指标。以北京为例，近几年连续发布《数据中心能效分级》《软件和信息服务业节能评估规范》《数据中心节能设计规范》《数据中心节能监测》等地方标准，规范新增数据中心建设和存量数据中心节能改造。2018 年北京市明确规定全市禁止新建和扩建 *PUE* 值在 1.4 以上的数据中心。此外，上海、广东都利用政策和市场多种手段推进数据中心的能源管理和节能减排工作。

未来数据中心节能潜力巨大。数据中心作为工业领域的大耗能产业，在节能方面的潜力巨大。有专家表示，数据中心节能市场规模将达到 85 亿元。参考《数据中心白皮书（2018 年）》《中国数据中心能源使用报告》《2019 中国企业绿色计算与可持续发展研究报告》等相关报告，预估我国在用超大型、大型数据中心的平均 PUE 为 $1.6\sim1.8$ 之间，大部分小型数据中心的 PUE 在 $2.3\sim2.6$ 之间。根据目前调研数据估算，数据中心机架数中大型及以上数据中心机架数占比约 57%，大型以下数据中心机架占比约 43%，因此综合 PUE 在 $1.9\sim2.1$ 之间。考虑到规划及相关文件要求新建数据中心 PUE 值达到 1.3 以下、近几年数据中心产业趋向于大型化及集中化、技术进步等因素，估算 2025 年数据中心机架数中大型及以上数据中心机架占比 70%，大型以下数据中心机架数占比 30%。根据以上基础数据测算，2025 年数据中心约有 500 亿 kW•h 的节能空间。如果按照目前发电结构计算，将减少二氧化碳排放约 0.25 亿 t。预计数据中心的耗电量增速在 $5\%\sim10\%$ 区间，到 2030 年数据中心约有 650 亿～700 亿 kW•h 的节能空间，减少二氧化碳排放约 0.35 亿 t。

伴随电源结构优化，数据中心的减排潜力将进一步释放。 据《中国数据中心能耗与可再生能源使用潜力研究》相关数据显示，2018 年全中国数据中心使用火电约为 1171.81 亿 kW•h，排放烟尘 4687t，二氧化硫 23 436t，氮氧化物 22 264t，以及二氧化碳 9855 万 t。考虑到在火电去产能、鼓励可再生能源发展的政策导向下，未来火电发电量在总电量中的占比有所下降，发电结构进一步优化，清洁能源应用比例大幅提升，未来减排空间较大。同时考虑到数据中心向可再生能源丰富地区迁移的趋势，预估 2025 年数据中心的可再生能源应用比例提升 10 个百分点，减少二氧化碳排放约 0.4 亿 t。2030 年数据中心的可再生能源应用比例再提升 10 个百分点，可减少二氧化碳排放约 0.52 亿 t。

2.2.2 主要节能措施

能耗问题已成为阻碍数据中心产业发展的主要矛盾。节能主要的工作有三个方面，一是采用技术手段降低 *PUE*，二是加强能耗管理能力，三是规划建设中注重建筑节能设计。其中前两个方面尤为重要。

加强数据中心关键设备的节能改造。据美国采暖制冷与空调工程师学会技术委员会统计报告显示 IT 系统、空调系统和供电系统是数据中心能耗关键环节。传统数据中心节能是通过减少 IT 设备使用数量或者优化制冷、供配电系统提高运行效率，减少数据中心能源的使用以及电、热输运过程中的能量损耗。数据中心主要依靠技术来支撑，通过技术的改造、节能设备的使用把能耗降下来。如在 IT 设备方面，采用能耗更低的处理器和刀片式服务器。在空调制冷方面，采用具有更高能效比的空调产品，应用变频技术的水泵和风机。在供电设备方面，采用更高效的配电柜和高频 UPS 等。数据中心关键环节节能技术如图 3-2-2 所示。

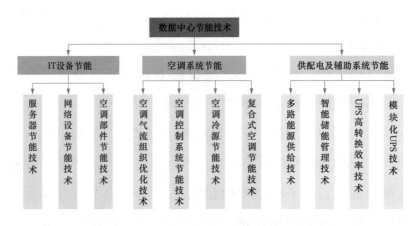

图 3-2-2　数据中心关键环节节能技术

构建模块化数据中心。为了适应云计算、虚拟化、集中化、高密化等服务器发展的趋势，模块化数据中心成为新一代数据中心部署形式，采用模块化设计理念，最大限度地降低基础设施对机房环境的耦合，集成供配电、制冷、机柜、气流遏制、综合布线、动环监控等子系统，提高数据中心的整体运营效率，实现快速部署、弹性扩展和绿色节能。有调研显示，模块化数据中心的建设使得供电系统、供冷系统的容量与负载需求更为匹配，提高了工作效率并减少过度配置，其中制冷效率比传统的数据中心提高 12% 以上。

　　循环利用数据中心的低品位热源。目前新兴一种数据中心的主动节能的方式。这种方式是指通过工业技术将数据中心的低品位热源重新转化为电能并重复利用的节能技术，通过将数据中心稳定持久的低温热源转化为电能并供给数据中心使用，从而减少数据中心总的能量输入。通常数据中心设备 7×24h 运行，热源稳定持久，但数据中心中热源的温度往往较低，可采集到的热源温度为 32~85℃。另外数据中心要求加入的系统震动小、噪声小、无电磁干扰、无污染，同时要求系统结构简单、安装便捷。综合考量数据中心的热源特征、环境要求以及工业技术成熟度，有机朗肯循环发电技术和半导体温差发电技术作为数据中心的低温热源回收技术较为合适。主动节能方式的能量转换和转移过程如图 3-2-3 所示。

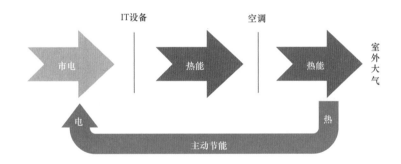

图 3-2-3　主动节能方式的能量转换和转移过程

　　研发推广数据中心能耗管理系统。数据中心能耗管理系统利用先进的计算机、网络通信和自动控制技术，将数据中心中的 IT 设备、空调系统、供配电及辅助系统和整个新能源管理系统有机地结合到一起，为数据中心提供智能化的能耗优化决策。数据中心能耗管理系统对数据中心的能源和信息进行一体化的集成管理，能耗管理模型通过综合分析数据中心环境参数、新能源历史参数、实际负载和电价结构等信息，选择合适的优化算法分析计算，制定出数据中心各种能源的控制管理策略。能耗管理系统能够实现对储能设备的充放电控制，平滑间歇性新能源接入可能带来的波动，响应电网侧的各种激励信号，制定适应固定电价、动态电价的最佳方案，为数据中心提供负载削峰，降低供电成本等功能。

优化数据中心用电策略。数据中心建成后，电费占运维总成本 60%～70%，数据中心不仅仅是电耗大户，未来数据中心也可能是消纳新能源实现电力节能的大户。电力公司可通过采取分时电价、尖峰电价等方式影响数据中心能源管理系统的行为，并提供多种时间粒度的电力市场，包括长期电力市场、日前电力市场和实时电力市场。由于各种电力市场的电价是波动的，使得数据中心用电方案更加灵活。政府通过制定鼓励节能减排的法规和政策激励数据中心尽可能多的利用新能源。如果数据中心所在地区需要征收碳排放税，或者实行限额与交易政策（每家企业都给予一定量的排碳限额，在限额之内排碳免费，而未用完限额可卖给碳排量超过配额的企业），数据中心利用新能源将具有较高的性价比。

经过多年发展，我国在数据中心节能降耗方面的工作已经取得了明显的成效，未来，伴随着"互联网＋"、云计算、区块链、大数据以及清洁能源等技术的进一步发展，数据中心将全面实现绿色发展，智能化的运维管理也将释放节能潜力。

2.2.3 节能典型案例

(1) 腾讯数据中心。

腾讯青浦数据中心是辐射全国的云计算基地。青浦数据中心使用了腾讯第三代数据中心技术（TMDC）。TMDC 技术遵循模块化设计思路，内部由若干个微模块组成，可实现快速部署并进一步降低能耗，年平均 *PUE* 值低于 1.3。

该数据中心实施了冷热电三联供项目（CCHP），三联供系统通过能源的梯级利用，大大提高一次能源利用率，同时还可以提供并网电力，为电网提供能源互补，实现数据中心部分的错峰用电。数据表明三联供投产后，每年节省标准煤 3500t，二氧化碳排放量减少 2.33 万 t，减排约 48%，节能率超过 18%。

数据中心内采用 CFD 气流组织模拟优化系统，利用 CFD 模拟平台进行实际建模，分析气流在机房空间内的组织、流动、压力场及温度分布，找出相关热点并进行专项分析。并结合机房实地情况，改造送风设施及相关配置，增加制冷量作用到服务器的有效性，提升冷机制冷效率，从而实现节能优化。

（2）阿里数据中心。

张北年均气温仅为 2.3℃。阿里张北的数据中心用凛冽的北风代替传统制冷系统，同时余热回收用于生活采暖。该数据中心还采用一种极其高效的散热方式：浸没式液冷，服务器被浸泡在特殊冷却液里，产生热量可被冷却液直接带走进入外循环，全程用于散热的能耗几乎为零，整体节能可达 70% 以上。2018 年，张北云联数据中心采用无架空地板弥散送风、全自动化 BA 系统实现自然冷源最大化等技术，实现年均 PUE 1.23。

阿里巴巴千岛湖数据中心是国内首个采用自然水制冷技术的数据中心，空调系统采用两路进水——湖水和冷冻水，可以实现同时或单独运行。湖水经过物理净化后，通过密闭管道流经每层为服务器降温，之后直接供市政景观用水，实现了资源最佳利用。2016 年，阿里巴巴千岛湖数据中心在采用湖水自然冷却系统的同时，还采用太阳能电池板、高压直流等技术，达到年均设计 PUE 1.28。

（3）百度数据中心。

2015 年百度云计算（阳泉）中心采用整机柜服务器、高压直流＋市电直供、机器学习控制系统、高温服务器等技术，实现年均 PUE 1.23。2017 年上线应用的 X-MAN 2.0，是国内首个采用液体冷却技术的 GPU 解决方案，实现了超高的散热效率，规模应用后，可以去除制冷机组，全面实现无冷机运行。

百度徐水数据中心应用了多项业界领先的技术。比如它采用了百度第四代领先的数据中心基础设施架构。该数据中心还是数据中心行业首个供电、制冷全分布式预制化数据中心，采用基于 2019 世界互联网大会领先科技成果——百度飞桨深度学习平台研发的 AI 控制系统，设计年均 PUE 1.15，基础设施能耗降低 70%，每年节电超过 2 亿 kW·h，相当于 10 万户居民一年的用电量。另外，徐水智能云计算中心采用模组标准化设计，通过优化建筑布局，提升 IT 装机能力 40% 以上，大幅降低项目造价的同时，极大提升工程效率，工期缩短 50%。

(4) 华为廊坊基地云数据中心。

华为廊坊基地云数据中心是我国首栋采用装配式全预制模块化模式建设的数据中心，华为将 AI、信息技术和传统的电子电力技术、暖通技术相结合，打造智能模块化数据中心，提升系统可用度、可靠性及资源利用率，实现数据中心的绿色、可靠和智能。该数据中心还通过气流管理提高冷却效率等技术，来提高数据中心的能源使用效率。

(5) 南京云计算中心。

南京云计算中心构建了绿色数据中心的良好基础。如在新采购的 IT 设备和替换的 IT 设备中，优先考虑绿色节能服务器的选用，并采用了曙光自主研发的拥有完整知识产权的全智能功耗调控软件 powerconf 进一步降低设备功耗；结合曙光自主开发的机房综合监控系统，定制化开发机房综合能效监控系统，对机房能效环境进行实时监控；使用曙光自主开发的 C1000 排级数据中心基础设施系统，运用水平送风 AHU 冷却技术、全密闭动态均衡送风供冷节能技术、整机柜服务器技术等多项绿色数据中心先进适用技术。

2.3　数据中心节能工作建议

新一代的信息化技术应用对底层基础设施也提出了更快速、更高效、更节能的要求，数据中心产业需要不断进行技术创新和探索，向着大型化、模块化、绿色化的方向发展。在数据中心的爆发式增长进程中，社会各界均应为推进数据中心的节能发展做出贡献。

(1) 建议政府层面增加财税政策支持力度，提升数据中心开展节能工作的积极性。注重运用经济政策、法规标准等手段，调动各方面节能减排的内在积极性，加大绿色金融支持。落实好促进节能减排相关税收优惠政策，构建有效激励约束机制，激发数据中心节能系统建设的积极性。

(2) 建议企业层面加快现有数据中心节能挖潜与技术改造。研发以及引进更多新工艺、新技术、新产品应用到数据中心的节能降耗领域，提高资源能源利用效率。完善数据中心节能方面的标准和技术服务体系，推动关键技术、服务模式的创新，引导信息化产业节能水平提升。

(3) 建议产学研结合，加强数据中心能源管理岗位的人才培养。现有数据中心的运维人员大多单纯从事巡检工作，发现耗能问题才去解决，能源管理的概念及意识相对薄弱。建议加大对数据中心能源管理人才引进或者培训，也可以通过综合能源服务商来填补人才空缺。通过专业人员收集和分析能耗信息、识别问题、合理管理和改善生产效能低下环节，实现科学管理。建议院校设立数据中心相关专业，加大高校定向人才培养，或者借助第三方行业组织和机构，开展数据中心人才培训，切实满足实际发展需要。

(4) 在可再生能源丰富的地区，促进数据中心使用可再生能源供电。我国数据中心主要集中在北京、上海、广州、深圳等经济发达地区，且受到用户、网络等因素影响，新建数据中心仍趋向于东部地区。为提高可再生能源使用率，可引导部分新建数据中心向可再生能源丰富的中西部地区转移、将数据中心可再生能源使用和"双控"目标挂钩，促进节能减排。

(5) 加强数据中心余热利用技术的研究和应用。数据中心的余热可以作为一种热源应用在清洁取暖实施工作中。数据中心 24h 都在源源不断的产生热量，在有条件的地区，收集数据中心的余热进行供暖，不仅数据中心可以节省能耗，城市也可减少煤的燃烧量，对环境治理有非常积极的作用。

（6）**数据中心节能改造要加强投资收益评估**。数据中心的节能需要采取各种措施降低运营成本，但建设改造成本有可能会增加。节能与成本之间可能存在一定的矛盾之处，必须对数据中心进行投资收益评估，寻求建设成本与运营成本之和最优的方案，降低数据中心成本。

附　录　1　能　源　、电　力　数　据

中国能源与经济主要指标

附表 1 - 1

类　别	2005 年	2010 年	2011 年	2012 年	2013 年	2014 年	2015 年	2016 年	2017 年	2018 年
人口（万人）	130 756	134 091	134 735	135 404	136 072	136 782	137 462	138 271	139 008	139 538
城镇人口比重（%）	43.0	49.9	51.3	52.6	53.7	54.8	56.1	57.3	58.5	59.6
GDP 增长率（%）	11.4	10.6	9.6	7.9	7.8	7.3	6.9	6.7	6.8	6.6
GDP（亿元）	187 319	412 119	487 940	538 580	592 963	641 281	685 993	740 061	820 754	900 309
经济结构（%）										
第一产业	11.6	9.3	9.2	9.1	8.9	8.7	8.4	8.1	7.6	7.2
第二产业	47.0	46.5	46.5	45.4	44.2	43.3	41.1	40.1	40.5	40.7
第三产业	40.7	44.2	44.3	45.5	46.9	48.0	50.5	51.8	51.9	52.2
人均 GDP（美元/人）	1753.4	4551.0	5543.3	6316.7	7053.5	7652.0	8032.2	8081.5	8768.2	9768.8
一次能源消费量（Mtce）	2613.7	3606.5	3870.4	4021.4	4169.1	4258.1	4299.1	4358.2	4490.0	4640.0
原油进口依存度（%）	36.4	54.5	55.1	56.4	56.5	59.3	59.8	64.4	67.4	69.8
城镇居民人均可支配收入（元）	10 493	19 109	21 810	24 565	26 955	28 844	31 195	33 616	36 396	39 251

续表

类　别	2005 年	2010 年	2011 年	2012 年	2013 年	2014 年	2015 年	2016 年	2017 年	2018 年
农村居民家庭人均纯收入（元）	3255	5919	6977	7917	8896	10 489	11 422	12 363	13 432	14 617
民用汽车拥有量（万辆）	3159.7	7801.8	9356.3	10 933.1	12 670.1	14 598.1	16 284.5	18 574.5	20 906.70	23 231.2
其中：私人汽车	1848.07	5938.71	7326.79	8838.6	10 501.7	12 339.4	14 099.1	16 330.2	18 515.1	20 574.9
人均能耗（kgce）	1805	2429	2589	2678	3071	3121	3135	3153	3219	3306
居民家庭人均生活用电（kW·h）	221	383	418	460	515	526	552	610	629	695
发电量（TW·h）	2497.5	4227.8	4730.6	4986.5	5372.1	5680.1	5740.0	6022.8	6495.1	7111.8
粗钢产量（Mt）	353.2	637.2	685.3	723.8	813.1	822.3	803.8	807.6	870.7	928.0
水泥产量（Mt）	1068.9	1881.9	2085.0	2209.8	2419.2	2492.1	2359.2	2410.3	2330.8	2207.8
货物出口总额（亿美元）	7619.5	15 777.5	18 983.8	20 487.1	22 090.0	23 422.9	22 734.7	20 976.3	22 633.7	24 874.0
货物进口总额（亿美元）	6599.5	13 962.5	17 434.8	18 184.1	19 499.9	19 592.4	16 795.6	15 879.3	18 437.9	21 356.4
二氧化硫排放量（Mt）	25.49	21.85	22.18	21.18	20.44	19.74	18.59	11.03	10.15	9.85
人民币兑美元汇率	8.1943	6.7695	6.5488	6.3125	6.1932	6.1428	6.2284	6.6423	6.7518	6.617 41

数据来源：国家统计局；海关总署；中国电力企业联合会；环境保护部；能源数据分析手册。

注　GDP按当年价格计算，增长率按可比价格计算。

180

附表 1 - 2

中国城乡居民生活水平和能源消费

类　　别		2005 年	2010 年	2011 年	2012 年	2013 年	2014 年	2015 年	2016 年	2017 年	2018 年
人均 GDP(美元)		1753	4551	5543	6317	7054	7652	8032	8082	8768	9769
城镇居民人均可支配收入(元)		10 493	19 109	21 810	24 565	26 955	28 844	31 195	33 616	36 396	39 251
农村居民家庭人均纯收入(元)		3255	5919	6977	7917	8896	10 489	11 422	12 363	13 432	14 617
房间空调器(台)	城镇	80.7	112.1	122.0	126.8	102.2	107.4	114.6	123.7	128.6	142.2
	农村	6.4	16.0	22.6	25.4	29.8	34.2	38.8	47.6	52.6	65.2
电冰箱(柜)(台)	城镇	90.7	96.6	97.2	98.5	89.2	91.7	94.0	96.4	98.0	100.9
	农村	20.1	45.2	61.5	67.3	72.9	77.6	82.6	89.5	91.7	95.9
彩色电视机(台)	城镇	134.8	137.4	135.2	136.1	118.6	122.0	122.3	122.3	123.8	121.3
	农村	84.1	111.8	115.5	116.9	112.9	115.6	116.9	118.8	120.0	116.6
家用计算机(台)	城镇	41.5	71.2	81.9	87	71.5	76.2	78.5	80.0	80.8	73.1
	农村	2.1	10.4	18.0	21.4	20.0	23.5	25.7	27.9	29.2	26.9
家用汽车(辆)	城镇	3.4	13.1	18.6	21.9	22.3	25.7	30.0	35.5	37.5	41
人均耗能(kgce)		1805	2429	2589	2678	3071	3121	3135	3153	3219	3306
人均生活用电(kW·h)		221	383	418	460	515	526	552	610	629	695
	城镇	306	445	464	501	528	525	532	576	610	666
	农村	149	316	368	415	465	485	527	594	648	738

数据来源：国家统计局；中国电力企业联合会。

181

附表 1-3　　　　　　　　中国能源和电力消费弹性系数

年　份	能源消费比上年增长（%）	电力消费比上年增长（%）	国内生产总值比上年增长（%）	能源消费弹性系数	电力消费弹性系数
1990	1.8	6.2	3.9	0.46	1.59
1991	5.1	9.2	9.3	0.55	0.99
1992	5.2	11.5	14.2	0.37	0.81
1993	6.3	11.0	13.9	0.45	0.79
1994	5.8	9.9	13.0	0.45	0.76
1995	6.9	8.2	11.0	0.63	0.75
1996	3.1	7.4	9.9	0.31	0.75
1997	0.5	4.8	9.3	0.06	0.52
1998	0.2	2.8	7.8	0.03	0.36
1999	3.2	6.1	7.7	0.42	0.79
2000	4.5	9.5	8.5	0.54	1.12
2001	5.8	9.3	8.3	0.70	1.12
2002	9.0	11.8	9.1	0.99	1.30
2003	16.2	15.6	10.0	1.60	1.56
2004	16.8	15.4	10.1	1.66	1.52
2005	13.5	13.5	11.4	1.18	1.18
2006	9.6	14.6	12.7	0.76	1.15
2007	8.7	14.4	14.2	0.61	1.01
2008	2.9	5.6	9.7	0.30	0.58
2009	4.8	7.2	9.4	0.51	0.77
2010	7.3	13.2	10.6	0.69	1.25
2011	7.3	12.1	9.5	0.77	1.27

续表

年　份	能源消费比上年增长（%）	电力消费比上年增长（%）	国内生产总值比上年增长（%）	能源消费弹性系数	电力消费弹性系数
2012	3.9	5.9	7.9	0.49	0.75
2013	3.7	8.9	7.8	0.47	1.14
2014	2.1	4.0	7.3	0.29	0.55
2015	1.0	2.9	6.9	0.14	0.42
2016	1.4	5.6	6.7	0.21	0.84
2017	2.9	6.6	6.9	0.42	0.96
2018	3.3	8.5	6.6	0.50	1.29

数据来源：国家统计局。

附表 1-4　　　　　中国一次能源消费量及结构

年　份	能源消费总量（万 tce）	构成（能源消费总量为 100）			
		煤炭	石油	天然气	水电、核电、风电
1978	57 144	70.7	22.7	3.2	3.4
1980	60 275	72.2	20.7	3.1	4.0
1985	76 682	75.8	17.1	2.2	4.9
1990	98 703	76.2	16.6	2.1	5.1
1991	103 783	76.1	17.1	2.0	4.8
1992	109 170	75.7	17.5	1.9	4.9
1993	115 993	74.7	18.2	1.9	5.2
1994	122 737	75.0	17.4	1.9	5.7
1995	131 176	74.6	17.5	1.8	6.1
1996	135 192	73.5	18.7	1.8	6.0
1997	135 909	71.4	20.4	1.8	6.4
1998	136 184	70.9	20.8	1.8	6.5

续表

年 份	能源消费总量（万 tce）	构成（能源消费总量为 100）			
		煤炭	石油	天然气	水电、核电、风电
1999	140 569	70.6	21.5	2.0	5.9
2000	146 946	68.5	22.0	2.2	7.3
2001	155 547	68.0	21.2	2.4	8.4
2002	169 577	68.5	21.0	2.3	8.2
2003	197 083	70.2	20.1	2.3	7.4
2004	230 281	70.2	19.9	2.3	7.6
2005	261 369	72.4	17.8	2.4	7.4
2006	286 467	72.4	17.5	2.7	7.4
2007	311 442	72.5	17.0	3.0	7.5
2008	320 611	71.5	16.7	3.4	8.4
2009	336 126	71.6	16.4	3.5	8.5
2010	360 648	69.2	17.4	4.0	9.4
2011	387 043	70.2	16.8	4.6	8.4
2012	402 138	68.5	17.0	4.8	9.7
2013	416 913	67.4	17.1	5.3	10.2
2014	425 806	65.6	17.4	5.7	11.3
2015	429 905	63.7	18.3	5.9	12.1
2016	435 819	62.0	18.5	6.2	13.3
2017	449 000	60.4	18.8	7.0	13.8
2018	464 000	59.0	18.9	7.8	14.3

数据来源：国家统计局。

附表 1 - 5　　　　　　　　　　中国分品种能源产量

年　份	能源生产总量 （万 tce）	占能源生产总量的比重（%）			
		原煤	原油	天然气	一次电力及其他能源
1990	103 922	74.2	19.0	2.0	4.8
1991	104 844	74.1	19.2	2.0	4.7
1992	107 256	74.3	18.9	2.0	4.8
1993	111 059	74.0	18.7	2.0	5.3
1994	118 729	74.6	17.6	1.9	5.9
1995	129 034	75.3	16.6	1.9	6.2
1996	133 032	75.0	16.9	2.0	6.1
1997	133 460	74.3	17.2	2.1	6.5
1998	129 834	73.3	17.7	2.2	6.8
1999	131 935	73.9	17.3	2.5	6.3
2000	138 570	72.9	16.8	2.6	7.7
2001	147 425	72.6	15.9	2.7	8.8
2002	156 277	73.1	15.3	2.8	8.8
2003	178 299	75.7	13.6	2.6	8.1
2004	206 108	76.7	12.2	2.7	8.4
2005	229 037	77.4	11.3	2.9	8.4
2006	244 763	77.5	10.8	3.2	8.5
2007	264 173	77.8	10.1	3.5	8.6
2008	277 419	76.8	9.8	3.9	9.5
2009	286 092	76.8	9.4	4.0	9.8
2010	312 125	76.2	9.3	4.1	10.4
2011	340 178	77.8	8.5	4.1	9.6

年 份	能源生产总量（万 tce）	占能源生产总量的比重（%）			
		原煤	原油	天然气	一次电力及其他能源
2012	351 041	76.2	8.5	4.1	11.2
2013	358 784	75.4	8.4	4.4	11.8
2014	361 866	73.6	8.4	4.7	13.3
2015	361 476	72.2	8.5	4.8	14.5
2016	346 000	69.6	8.2	5.3	16.9
2017	359 000	69.3	7.6	5.6	17.5
2018	377 000	69.3	7.2	5.5	18.0

数据来源：国家统计局。

附表 1-6　　　　　　　　　中 国 能 源 进 出 口

类 别		2000 年	2005 年	2010 年	2011 年	2012 年	2013 年	2014 年	2015 年	2016 年	2017 年	2018 年
原油（Mt）	出口	10.44	8.07	3.04	2.52	2.44	1.62	0.60	2.8	2.7	3.8	2.7
	进口	70.27	127.08	239.31	253.78	271.09	282.14	308.36	335.8	382.6	422.1	464.5
天然气（亿 m³）	出口	31.4	29.7	40.3	41.0	28.5	27.1	25.1	—	—	—	—
	进口	—	—	164	305	408	515	575	594	735	928	1213
煤炭（Mt）	出口	58.84	71.68	14.0	10.6	6.7	6.8	8.5	10.8	12.2	9.9	9.9
	进口	2.02	26.17	106.2	124.2	160.2	182.1	158.2	111.9	135	140.1	146.5

数据来源：能源数据分析手册；BP Statistical Review of World Energy，June 2019。

附表 1-7　　　　　　　世界一次能源消费量及结构（2018 年）

国家（地区）	一次能源消费量（Mtoe）	消费结构（%）					
		石油	天然气	煤	核能	水能	非水可再生能源
中国	3273.5	19.6	7.4	58.2	2.0	8.3	4.4
美国	2300.6	40.0	30.5	13.8	8.4	2.8	4.5
俄罗斯	720.7	21.1	54.2	12.2	6.4	6.0	0.0

续表

国家（地区）	一次能源消费量（Mtoe）	消费结构（%）					
		石油	天然气	煤	核能	水能	非水可再生能源
印度	809.2	29.5	6.2	55.9	1.1	3.9	3.4
日本	454.1	40.2	21.9	25.9	2.4	4.0	5.6
加拿大	344.4	31.9	28.9	4.2	6.6	25.4	3.0
德国	323.9	34.9	23.4	20.5	5.3	1.2	14.6
巴西	297.6	45.7	10.4	5.3	1.2	29.5	7.9
韩国	301	42.8	16.0	29.3	10.0	0.2	1.7
法国	242.6	32.5	15.1	3.5	38.5	6.0	4.4
伊朗	285.7	30.2	67.9	0.5	0.6	0.8	0.0
沙特阿拉伯	259.2	62.7	37.2	0.0	—	—	—
英国	192.3	40.0	35.3	4.0	7.6	0.6	12.4
墨西哥	186.9	44.3	41.2	6.4	1.7	3.9	2.6
印度尼西亚	185.5	45.0	18.1	33.2	—	2.0	1.8
意大利	154.5	39.4	38.5	5.8	—	6.7	9.6
西班牙	141.4	47.1	19.2	7.9	8.9	5.7	11.3
土耳其	153.5	31.7	26.5	27.6	—	8.8	5.5
南非	121.5	21.6	3.0	70.8	2.1	0.2	2.3
欧盟	1688.2	38.3	23.4	13.2	11.1	4.6	9.5
OECD	5669	38.9	26.6	15.2	7.9	5.7	5.8
世界	13 864.9	33.6	23.9	27.2	4.4	6.8	4.0

数据来源：BP Statistical Review of World Energy，June 2019。

注 1. 非水可再生能源是用于发电的风能、地热、太阳能、生物质和垃圾。

2. 水能和非水可再生能源按火电站转换效率 38% 换算热当量。

附表 1 - 8　　　　　　　世界化石燃料消费量

煤炭（Mtoe）								
国家（地区）	2010 年	2011 年	2012 年	2013 年	2014 年	2015 年	2016 年	2017 年	2018 年
中国	1748.9	1903.9	1927.8	1969.1	1954.5	1914.0	1889.1	1890.4	1906.7
美国	498.8	470.6	416.0	431.8	430.9	372.2	340.6	331.3	317.0
印度	290.4	304.6	330.0	352.8	387.5	395.3	400.4	415.9	452.2
日本	115.7	109.6	115.8	121.2	119.1	119.3	118.8	119.9	117.5
俄罗斯	90.5	94.0	98.4	90.5	87.6	92.1	89.3	83.9	88.0
南非	92.8	90.5	88.3	88.4	89.5	85.2	86.9	84.3	86.0
韩国	77.1	83.7	80.6	81.5	84.4	85.4	81.5	86.2	88.2
德国	77.1	78.3	80.5	82.8	79.6	78.7	76.5	71.5	66.4
波兰	55.1	55.0	51.2	53.4	49.4	48.7	49.5	49.8	50.5
澳大利亚	52.2	50.9	47.8	45.4	45.0	46.5	46.5	45.1	44.3
世界	3610.1	3782.5	3797.2	3867.0	3864.2	3769.0	3710.0	3718.4	3772.1

石油（Mt）								
国家（地区）	2010 年	2011 年	2012 年	2013 年	2014 年	2015 年	2016 年	2017 年	2018 年
美国	877.5	862.6	843.8	859.8	866.1	884.5	893.3	902.0	919.7
中国	455.5	472.4	495.3	517.3	539.3	573.3	587.0	610.7	641.2
日本	210.5	211.0	224.9	214.7	204.0	196.5	191.0	187.8	182.4
印度	160.6	168.3	178.3	179.5	184.7	199.8	219.5	227.1	239.1
俄罗斯	137.9	147.0	149.6	149.5	157.4	149.4	153.1	151.5	152.3
沙特阿拉伯	141.3	144.4	151.8	152.2	167.0	173.5	171.5	168.8	162.6
巴西	122.8	128.4	131.3	140.3	145.7	140.6	132.7	136.1	135.9
德国	119.5	115.8	115.3	117.5	114.5	114.2	116.5	119.0	113.2
韩国	110.5	111.4	114.7	114.3	114.1	120.2	129.3	130.0	128.9

石油（Mt）								
国家（地区）	2010 年	2011 年	2012 年	2013 年	2014 年	2015 年	2016 年	2017 年	2018 年
加拿大	107.1	110.4	107.5	107.8	109.6	107.0	108.7	108.8	110.0
墨西哥	93.3	94.9	96.4	93.8	89.5	88.5	89.1	85.8	82.8
伊朗	85.6	89.3	90.7	99.9	93.9	85.6	81.8	84.5	86.2
法国	87.3	85.4	83.0	82.0	79.6	79.2	78.7	79.1	78.9
英国	79.0	76.7	74.5	73.4	73.5	75.3	77.5	78.0	77.0
新加坡	60.9	63.7	63.4	64.2	65.8	69.5	72.2	74.8	75.8
西班牙	72.7	69.6	65.5	60.5	60.3	62.2	64.5	65.0	66.6
世界	4201.9	4245.7	4297.8	4350.3	4385.3	4465.8	4548.3	4607.0	4662.1

天然气（亿 m³）								
国家（地区）	2010 年	2011 年	2012 年	2013 年	2014 年	2015 年	2016 年	2017 年	2018 年
美国	6482	6582	6881	7070	7223	7436	7503	6358	7026
俄罗斯	4239	4356	4286	4249	4222	4087	4206	4311	4545
中国	1089	1352	1509	1719	1884	1947	2094	2404	2830
伊朗	1444	1532	1525	1538	1734	1840	1963	2099	2256
日本	999	1120	1232	1235	1248	1187	1164	1170	1157
加拿大	883	975	972	1043	1096	1098	1059	1097	1157
沙特阿拉伯	833	876	944	950	973	992	1053	1093	1121
德国	881	809	811	850	739	770	849	897	883
墨西哥	660	708	737	778	788	808	830	864	895
英国	985	819	769	763	701	720	812	788	789
阿联酋	593	616	639	647	634	715	727	744	766
意大利	791	742	714	667	590	643	675	716	692
世界	31 567	32 333	33 175	33 698	33 926	34 665	35 502	36 540	38 489

数据来源：BP Statistical Review of World Energy，June 2019。

附表 1 - 9 世界石油、天然气、煤炭产量

石油（Mt）									
国家（地区）	2010 年	2011 年	2012 年	2013 年	2014 年	2015 年	2016 年	2017 年	2018 年
沙特	463.3	522.7	549.2	538.4	543.8	568.0	586.7	559.3	578.3
俄罗斯	512.3	519.5	526.7	532.2	535.1	541.8	555.9	554.3	563.3
美国	332.8	345.4	394.2	447.2	523.0	566.6	541.9	573.9	669.4
中国	203.0	202.9	207.5	210.0	211.4	214.6	199.7	191.5	189.1
加拿大	160.3	169.8	182.6	195.1	209.4	215.6	218.0	235.4	255.5
伊朗	212.0	212.5	180.5	169.7	174.0	180.2	216.3	235.6	220.4
阿联酋	135.2	150.6	156.9	163.3	163.4	176.1	182.4	176.2	177.7
科威特	123.3	140.7	153.8	151.2	150.0	148.1	152.5	144.8	146.8
墨西哥	145.6	144.5	143.9	141.8	137.1	127.5	121.4	109.5	102.3
伊拉克	120.8	135.8	151.3	152.0	158.8	195.6	217.6	222.2	226.1
委内瑞拉	145.8	141.5	139.3	137.8	138.5	135.4	121.0	107.6	77.3
尼日利亚	122.1	118.4	116.4	109.5	109.3	105.7	91.3	95.5	98.4
巴西	111.3	113.8	111.9	109.7	122.5	132.2	136.2	142.3	140.3
挪威	98.4	93.2	86.9	82.8	84.8	87.5	90.2	88.6	83.1
世界	3976.9	4008.0	4120.3	4128.5	4223.0	4354.8	4368.0	4379.9	4474.3
OPEC	1709.0	1746.2	1822.4	1769.8	1764.4	1830.1	1885.8	1873.7	1854.3

天然气（亿 m³）									
国家（地区）	2010 年	2011 年	2012 年	2013 年	2014 年	2015 年	2016 年	2017 年	2018 年
美国	4945	5308	5581	5638	6060	6365	6254	6412	7152
俄罗斯	5145	5304	5175	5284	5083	5025	5067	5465	5756
伊朗	1237	1298	1349	1354	1509	1578	1714	1893	2059
卡塔尔	1059	1293	1398	1446	1458	1505	1494	1482	1509
加拿大	1286	1299	1292	1306	1367	1382	1477	1527	1588
中国	830	913	959	1047	1128	1167	1186	1283	1389
挪威	915	864	979	928	929	999	996	1059	1037
沙特阿拉伯	716	754	811	817	836	853	906	939	964
阿尔及利亚	665	684	674	682	689	700	786	799	794
印度尼西亚	748	711	673	667	657	655	646	627	629

续表

天然气（亿 m³）								
国家（地区）	2010 年	2011 年	2012 年	2013 年	2014 年	2015 年	2016 年	2017 年	2018 年
马来西亚	565	576	595	627	619	635	622	640	623
荷兰	647	598	588	623	519	394	381	332	277
土库曼斯坦	345	484	507	507	546	566	544	505	529
墨西哥	440	448	437	451	441	412	375	329	321
埃及	507	509	504	464	404	366	346	420	504
阿联酋	430	439	455	458	455	505	519	533	556
乌兹别克斯坦	491	487	486	481	484	461	457	459	487
世界	27 094	28 005	28 580	28 918	29 502	30 109	30 453	31 623	33 258

煤炭（Mt）								
国家（地区）	2010 年	2011 年	2012 年	2013 年	2014 年	2015 年	2016 年	2017 年	2018 年
中国	1665.3	1851.7	1873.5	1894.6	1864.2	1825.6	1691.4	1746.6	1828.8
美国	523.7	528.3	491.9	475.8	482.3	426.9	348.3	371.3	364.5
印度	252.4	250.8	255.0	255.7	269.5	281.0	283.9	286.6	308.0
澳大利亚	250.6	245.1	265.9	285.8	305.9	305.6	306.7	299.0	301.1
印尼	162.1	208.2	227.4	279.7	269.9	272.0	268.8	271.8	323.3
俄罗斯	151.0	157.6	168.3	173.1	176.6	186.4	194.0	205.8	220.2
南非	144.1	143.2	146.6	145.3	148.2	142.9	142.4	143.0	143.2
德国	45.9	46.7	47.8	45.1	44.1	42.8	39.6	39.4	37.6
波兰	55.4	55.7	57.8	57.2	54.0	53.0	52.1	49.8	47.5
哈萨克斯坦	47.5	49.8	51.6	51.4	48.9	46.2	44.3	48.3	50.6
世界	3601.4	3866.5	3909.1	3978.0	3966.0	3860.9	3660.8	3755.0	3916.8

数据来源：BP Statistical Review of World Energy，June 2019。

注　仅统计商用固态燃料，即烟煤和无烟煤（硬煤）、褐煤与次烟煤、其他商用固体燃料，包括煤制油和煤制气过程中所损耗的煤炭。

附表 1 - 10　　世 界 发 电 量

TW·h

国家（地区）	2006 年	2007 年	2008 年	2009 年	2010 年	2011 年	2012 年	2013 年	2014 年	2015 年	2016 年	2017 年	2018 年
中国	2865.7	3281.6	3495.8	3714.7	4207.2	4713.0	4987.6	5431.6	5649.6	5814.6	6133.2	6495.1	7111.8
美国	4331.0	4431.8	4390.1	4206.5	4394.3	4363.4	4310.6	4330.3	4363.3	4348.7	4347.9	4281.8	4460.8
日本	1164.3	1180.1	1183.7	1114.0	1156.0	1104.2	1106.9	1087.8	1062.7	1030.1	1002.3	1020.0	1051.6
印度	744.4	796.3	828.4	879.7	937.5	1034.0	1091.8	1146.1	1262.2	1319.0	1421.5	1497.0	1561.1
俄罗斯	992.1	1018.7	1040.0	993.1	1038.0	1054.9	1059.3	1059.1	1064.2	1067.5	1091.0	1091.2	1110.8
加拿大	612.0	637.1	638.4	614.0	606.9	638.3	636.5	662.5	660.4	663.7	664.6	693.4	654.4
德国	639.6	640.6	640.7	595.6	633.1	613.1	630.1	638.7	626.7	646.9	649.1	654.2	648.7
巴西	419.4	445.1	462.9	466.2	515.8	531.8	552.5	570.8	590.5	581.2	578.9	590.9	588.0
法国	574.9	569.8	573.8	535.9	569.3	565.0	564.5	573.8	564.2	570.3	556.2	554.1	574.2
韩国	403.0	425.4	442.6	452.4	495.0	517.6	531.2	537.2	540.4	547.8	561.0	571.7	594.3
世界	19 163.4	20 046.5	20 437.2	20 273.3	21 577.7	22 269.8	22 820.0	23 457.6	23 918.8	24 289.5	24 930.2	25 551.3	26 614.8

数据来源：国家统计局；BP Statistical Review of World Energy，June 2019。

附表 1-11　　　　人均能源与经济指标的国际比较（2018 年）

类　别	中国	美国	德国	英国	日本	俄罗斯	印度	世界
人口（百万）	1393	327	83	67	127	145	1353	7594
人均 GDP（美元）	9769.8	62 640.7	48 198.5	42 488.2	39 287.4	11 475.8	2014.8	11 297.2
人均一次能源消费量（kgoe）	2350.0	7031.2	3907.1	2891.7	3589.7	4987.5	598.1	1825.8
石油	460.3	2810.8	1365.5	1157.9	1441.9	1054.0	176.7	613.9
煤	1368.8	968.8	801.0	114.3	928.9	609.0	334.2	496.7
天然气	174.7	2147.3	915.6	1019.5	786.6	2704.5	36.9	435.8
核电	47.8	587.4	207.5	221.1	87.7	320.4	6.5	80.5
水电	195.3	199.6	45.8	18.0	144.7	297.6	23.4	124.9
可再生能源	103.0	317.2	570.6	359.4	200.8	2.1	20.3	73.9

数据来源：人口数据来源于联合国；GDP 数据来源于世界银行，为 2018 年现货美元；能源消费数据来源：BP Statistical Review of World Energy，June 2019。

附录 2 节能减排政策法规

附表 2-1　　　　　　　**2018 年国家出台的节能减排相关政策**

类别	文件名称	文号	发布部门	发布时间	
目标责任、总体规划	关于做好平行进口汽车燃料消耗量与新能源汽车积分数据报送工作的通知	工信厅联装函〔2018〕184 号	工业和信息化部办公厅、商务部办公厅、海关总署办公厅、市场监管总局办公厅	5 月 22 日	2018 年
	关于 2018 年光伏发电有关事项的通知	发改能源〔2018〕823 号	国家发展改革委、财政部、国家能源局	5 月 31 日	
	关于征集 2018 年工业节能与绿色标准研究项目的通知	工信厅节函〔2018〕245 号	工业和信息化部办公厅	7 月 17 日	
	关于印发坚决打好工业和通信业污染防治攻坚战三年行动计划的通知	工信部节〔2018〕136 号	工业和信息化部	7 月 23 日	
	关于印发坚决打好工业和通信业污染防治攻坚战三年行动计划的通知	工信部节〔2018〕136 号	工业和信息化部	7 月 23 日	
	关于 2018 年光伏发电有关事项说明的通知	发改能源〔2018〕1459 号	国家发展改革委、财政部、国家能源局	10 月 9 日	
经济激励、财税政策	关于调整完善新能源汽车推广应用财政补贴政策的通知	财建〔2018〕18 号	财政部	2 月 12 日	2018 年

续表

类别	文件名称	文号	发布部门	发布时间	
经济激励、财税政策	关于开展 2018 年度国家工业节能技术装备推荐及"能效之星"产品评价工作的通知	工信厅节函〔2018〕212 号	工业和信息化部办公厅	6 月 20 日	
	公布全国工业领域电力需求侧管理第二批参考产品（技术）目录的通知	工信厅运行函〔2018〕314 号	工业和信息化部办公厅关于	10 月 10 日	2018 年
	关于做好京津唐电网淘汰关停煤电机组发电计划补偿工作的通知	发改办运行〔2018〕1669 号	国家发展改革委办公厅	12 月 20 日	
重点工程〔调整结构〕	关于组织开展新能源汽车动力蓄电池回收利用试点工作的通知	工信部联节函〔2018〕68 号	工业和信息化部、科技部、环境保护部、交通运输部、商务部、质检总局、能源局	2 月 22 日	
	关于做好新能源汽车动力蓄电池回收利用试点工作的通知	工信部联节〔2018〕134 号	工业和信息化部、科技部、生态环境部、交通运输部、商务部、市场监管总局、能源局	7 月 23 日	2018 年
	关于印发《提升新能源汽车充电保障能力行动计划》的通知	发改能源〔2018〕1698 号	国家发展改革委	11 月 9 日	
	关于同意四川省、青海省开展可再生能源就近消纳综合试点方案的复函	发改办运行〔2018〕1432 号	国家发展改革委办公厅	11 月 13 日	

续表

类别	文件名称	文号	发布部门	发布时间	
实施方案〔行动计划、实施意见〕	《国家重点节能低碳技术推广目录（2017年本，节能部分）》	国家发改委令〔2018〕3号	国家发展改革委	1月31日	2018年
	关于印发《智能光伏产业发展行动计划（2018—2020年）》的通知	工信部联电子〔2018〕68号	工业和信息化部、住房和城乡建设部、交通运输部、农业农村部、国家能源局、国务院扶贫办	4月11日	
	关于创新和完善促进绿色发展价格机制的意见	发改价格规〔2018〕943号	国家发展改革委	6月21日	
	关于印发《清洁能源消纳行动计划（2018—2020年）》的通知	发改能源规〔2018〕1575号	国家发展改革委、国家能源局	10月30日	
监督考核	关于印发《新能源汽车动力蓄电池回收利用管理暂行办法》的通知	工信部联节〔2018〕43号	工业和信息化部、科技部、环境保护部、交通运输部、商务部、质检总局、能源局	1月26日	2018年
	《重点用能单位节能管理办法》	国家发改委令〔2018〕15号	国家发展改革委	2月22日	
	关于印发《2018年工业节能监察重点工作计划》的通知	工信部节函〔2018〕73号	工业和信息化部	2月28日	
	《高效节能家电产品销售统计调查制度（试行）》	国家发改委令〔2018〕5号	国家发展改革委	4月2日	

附表 2 - 2   **2018 年我国已颁布的能耗限额标准**

序号	标 准 号	标 准 名 称
1	GB 36890—2018	日用陶瓷单位产品能源消耗限额
2	GB 36891—2018	莫来石单位产品能源消耗限额
3	GB 36888—2018	预拌混凝土单位产品能源消耗限额
4	DB11T 1527—2018	预拌砂浆单位产品综合能源消耗限额
5	DB41/T 669—2018	耐火材料单位产品能源消耗限额
6	DB50/ 856—2018	铝合金铸件单位产品能源消耗限额
7	YB/T 4600—2018	电煅无烟煤及能源消耗限额

附表 2 - 3   **2018 年我国已颁布的能效标准**

序号	标准号	标 准 名 称
1	GB/T 36023—2018	钢带连续彩色涂层工序能效评估导则
2	GB/T 36025—2018	钢带连续热镀锌工序能效评估导则
3	GB/T 36268—2018	夹层玻璃单位产品能耗测试方法
4	GB/T 36267—2018	钢化玻璃单位产品能耗测试方法
5	GB/T 36410.4—2018	港口设备能源消耗评价方法　第 4 部分：散货连续装船机
6	GB/T 36714—2018	用能单位能效对标指南
7	DB31/T 1092—2018	装配式建筑混凝土预制构件单位产品能源消耗要求
8	JB/T 12992.1—2018	电动机系统节能量测量和验证方法

参 考 文 献

［1］国家统计局．中国统计年鉴 2019．北京：中国统计出版社，2019．

［2］国家统计局能源统计司．中国能源统计年鉴 2018．北京：中国统计出版社，2018．

［3］中国电力企业联合会．2018 年电力工业统计资料汇编．

［4］BP Statistical Review of World Energy 2019，June 2019．

［5］International Energy Agency. Energy Efficiency 2018．

［6］International Energy Agency. Energy Technology Perspectives 2017．

［7］国际能源署．能效市场报告 2016 中国特刊．2016．

［8］中国电力企业联合会．中国电力行业年度发展报告 2019．

［9］中国电子信息产业发展研究院．2017－2018 年中国工业节能减排发展蓝皮书．北京：
人民出版社，2018．

［10］戴彦德，白泉，等．中国 2020 年工业节能情景研究．北京：中国经济出版
社，2015．

［11］清华大学建筑节能研究中心．中国建筑节能年度发展研究报告 2019．北京：中国建
筑工业出版社，2019．